LI CHENG ZHANG JIAO LIAN AO SHU BI JI

李成章教练奥数笔记

第3卷

李成章 著

哈爾濱工業大學出版社
HARBIN INSTITUTE OF TECHNOLOGY PRESS

内容提要

本书为李成章教练奥数笔记第三卷，书中内容为李成章教授担任奥数教练时的手写原稿. 书中的每一道例题后都有详细的解答过程，有的甚至有多种解答方法.

本书适合准备参加数学竞赛的学生及数学爱好者研读.

图书在版编目(CIP)数据

李成章教练奥数笔记. 第3卷/李成章著. —哈尔滨：哈尔滨工业大学出版社，2016.1(2017.8重印)

ISBN 978-7-5603-5567-2

Ⅰ.①李… Ⅱ.①李… Ⅲ.①数学-竞赛题-题解 Ⅳ.①O1—44

中国版本图书馆CIP数据核字(2015)第191111号

策划编辑　刘培杰　张永芹

责任编辑　张永芹　杜莹雪

封面设计　孙茵艾

出版发行　哈尔滨工业大学出版社

社　　址　哈尔滨市南岗区复华四道街10号　邮编150006

传　　真　0451—86414749

网　　址　http://hitpress.hit.edu.cn

印　　刷　哈尔滨市石桥印务有限公司

开　　本　787mm×1092mm　1/16　印张15.25　字数169千字

版　　次　2016年1月第1版　2017年8月第2次印刷

书　　号　ISBN 978-7-5603-5567-2

定　　价　38.00元

◎ 目录

一 图论(二)

1 设图G中每点度数都是3，求证图G中必有一个圈，它的边数不能被3整除．（2000年全俄数学奥林匹克）

证 我们来证明如下的加强命题：图G中每点度数都不小于3，则图中必有一个圈，它的边数不能被3整除．

若不然，则存在一个每点度数都不小于3的图，其中任何一个圈的边数都能被3整除．

考察具有上述性质的顶点数目最小的图G．显然，图G中的边数大于顶点数，所以必有圈．将图中边数最小的圈记为Z．于是Z上的任何两个不相邻的顶点之间都无边相连．否则将导致边数更少的圈，而与Z的边数的最小性矛盾．又因每个顶点的度数都不小于3，故Z上每个顶点都至少有1条边与圈外顶点相连，而且这些连出的边中，不能有两条边连到同一个顶点．否则，设Z上的顶点A和B都有边与Z外的顶点C相连，则圈Z被A和B分成的两部分中至少有一部分的边数模3不为1，从而加上ACB的圈上的边数不是3的倍数．

假设存在连结Z上的顶点A和B的链S，它与Z没有公共边，则因S与Z被A和B分成的两段中的每一段所合成的圈的边数都是3的倍数，Z的边数也是3的倍数，所以S的边数也是3的倍数．

下面构造一个新图G_1：把图G中圈Z上的所有点合并成一个顶点D，保留G中不在圈Z上的所有顶点及它们之间的边．原来Z外的顶点与Z上某顶点有边相连时，则在新图G_1中将该顶点与D之间连一条边．由于图G中的圈Z至少有3个顶点，每点至少向圈外连出1条边，故点D的度数不小于3．又因其它点在G_1中度数不变，当然都不小于3，而且易见，新图G_1中每个圈的边数都能被3整除。但G_1中顶点数小于G的顶点数，此与G的顶点数的最小性矛盾。所以，图G中必有一个圈的边数不能被3整除。

另一方面，连结A、B两点的链S当然存在。由于点A和B各有1条边连向圈外，记为A_1、B_1，因A_1、B_1度数均为3，故可换另一条边走向新点A_2、B_2，继续这个过程，由于图中只有有限多个顶点，故必有相遇的时刻，于是连结A、B两点的链就产生了。

2 某次聚会共有17人，其中每个人都恰好认识另外的4个人，求证存在两个人，他们彼此不认识且没有共同认识的人．

（1992年独联体数学奥林匹克）

证 若不然，则对于17人中的任何2人，都或者两人认识，或者两人有一个共同认识的人．

用17个点来代表这17个人，如果两人认识，则在相应两点之间连一条线段，于是得到一个图，且在这个图的任何两点间，或者有一条连线，或者有一个张角（即存在第3点与这两点都有连线）．

由于图中每点都是4度，即都有4条连线，故以该点为顶点的张角恰有6个，所以图中共有张角 $6\times17=102$ 个．又因图中共有 $4\times17\times\frac{1}{2}=34$ 条边，图中共有点对 $C_{17}^{2}=\frac{1}{2}\times17\times16=136$ 个，而 $102+34=136$，所以，图中既无三角形又无四边形．

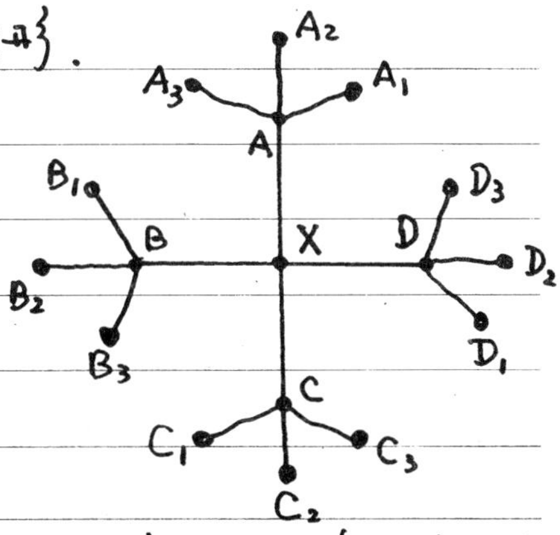

考察点X，设它的4条边的另4个顶点分别为A，B，C，D．又因这4点也都是4度，除与点X相连之外每点都与另3点相连．由于图中没有四边形，故这4组12个点互不相同．又因图中没有三角形，所以A，B，C，D之间没有连线且每组的后3点之间也都没有连线．这样一来，这12点中的每一点都要向其它组中的顶点再连出3条线．对于每一条这样的线，比如 A_3B_1，就导致一个以X为一个顶点的五边形 A_3B_1BXA．由于这样的连线共有 $3\times12\times\frac{1}{2}=18$ 条，从而图中共有18个以顶点X

为一个顶点的五边形．由对称性知17个顶点都是如此，故图中共有18×17个五边形(包括重复计数)．由于五边形的5个顶点各被计数1次，所以在上述计数过程中，每个五边形恰被计数5次．故上面的总数应为5的倍数．但18×17不是5的倍数，矛盾． 换序求和法

2′ 若将2题中的人数改为15人，问在同样条件下，同样的结论是否仍然成立？

解 右图中，任何两点之间都或者有边相连，或者有一个张角张在两点之间且15个顶点每点都是4度．所以，2题的结论这时不再成立．

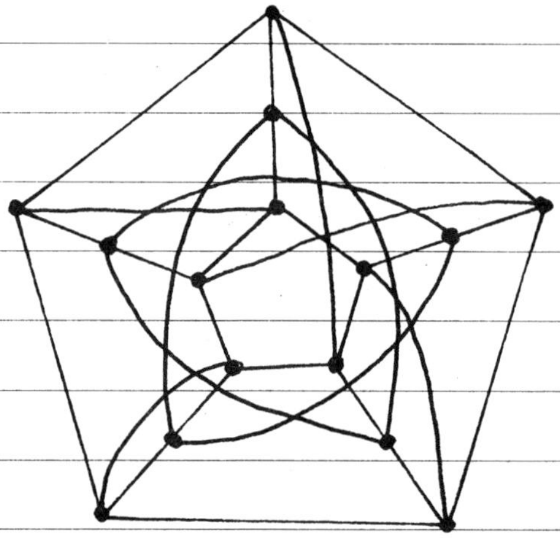

2″ 若将2题中的人数改为16人，在同样条件下，同样的结论是否仍然成立？

解 考察16个点中的任一点X．这时只能如下图所示：

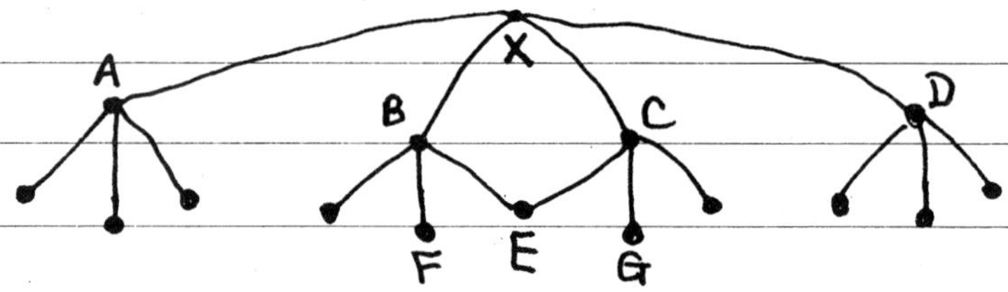

由于与点X无边相连的11个点与X之间必有张角，故只能是图中所示的状态。图中存在一个以X为一个顶点的四边形XBEC。由对称性知，图中必存在4个四边形，两两之间没有公共顶点。这导致图中共有8个点对，每对两点之间均无连线但都有两个张角。

图中16个顶点，每点均为4度，故图中共有32条边和96个张角。16点共构成 $C_{16}^2=120$ 个点对。由于 $32+96=128$ 而上面已有8个点对之间各有两个张角，故当结论不成立时，余下的每个点对的两点之间或恰有1条边，或者恰有1个张角。这样一来，上图中每组3点（点E属于两组）之间不能再有连线。

象在题2的证明中一样，我们来考察图中以X为一个顶点的五边形的个数。上图中已有16条边，而另外的16条边，都是连结在4组中不同组的两个顶点的。从图中可以看出，从点E连出的两条边，每条边都导致产生两个五边形，而另外的14条连线，各产生一个五边形。所以，图中共有18个以X为一个顶点的五边形。注意，若顶点F与G之间有边相连，虽然产生两个五边形，但却只有一个以X为一个顶点，所以只计数一次。这样一来，图中共有18×16个五边形。在这个计数中，每个五边形恰被计数5次，但18×16却不是5的倍数，矛盾。这表明2题的结论仍然成立。

注　若将2题中的图形拆开，还可举例如下：

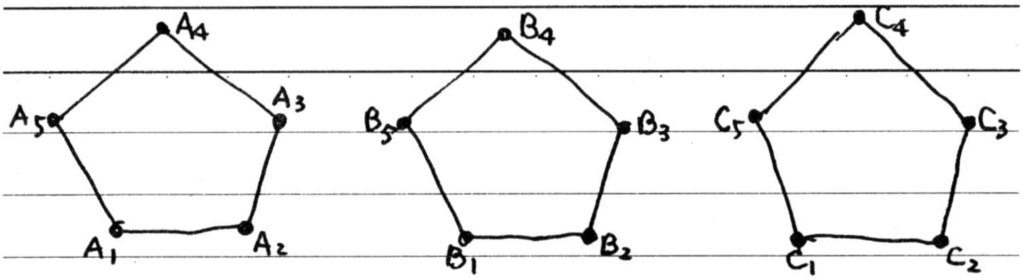

连结另外15条线如下：

A_1B_1，A_2B_3，A_3B_5，A_4B_2，A_5B_4，

A_1C_1，A_2C_3，A_3C_5，A_4C_2，A_5C_4，

B_1C_1，B_2C_3，B_3C_5，B_4C_2，B_5C_4．

容易验证，每两点之间或有连线，或有张角，或二者兼有之．

3 在凸多面体的每条棱上都标上一个箭头，使对多面体的每个顶点都分别至少有1个箭头指向它，至少有一个箭头离开它．求证存在多面体的两个面，使得分别在二者的边界上可以沿着箭头所指的方向环绕周界走一圈．（1975年基辅，1987年西德）

证1 按题设，对于多面体的每个顶点，都至少可以沿1条棱向它走来，也至少可以沿另一条棱离它而去，所以在多面体上没有"死胡同"．于是能够从一个顶点出发，沿箭头所指的方向走过一条由首尾相接的棱组成的任意长的链．由于顶点数有限，故在某个时刻首先走到一个已经走过的顶点E．因此存在一条封闭的由首尾相接的棱组成的从顶点E出发又走回顶点E的圈h，它将多面体的表面分成两部分G和H，而圈h是两部分的公共边界．设G是在圈h前进方向的左方．

考察G中的所有这样的圈（包括h在内）．对于每个这样的圈h，其中所包含的面的个数记为$f(h)$，称为圈h的容量．设圈h_0是所有这样的圈中容量最小的圈之一．我们断言，$f(h_0)=1$，即圈h_0恰好环绕1个面．

圈+极端原理

若$f(h_0)>1$，则在h_0所环绕的范围内，必存在一条棱K，它不在h_0上，但有1个端点在h_0上．设这个顶点为P，不妨设棱K上的箭头指向棱K的异于P的另一个顶点P_1．于是可以从圈h_0上的顶点P出发沿着棱K走下去，直到或者走到h_0的另一个顶点或者走到方才走过的链上的某一个顶点为止．无论哪种情形，都得到一个新圈，其容量小于$f(h_0)$，此与$f(h_0)$的最小性矛盾．

同理，在H中也可以找到一个容量为1的圈h_1．由于凸多面体至少有4个面,所以h_0和h_1不能都为h,故$h_0 \neq h_1$. 可见,h_0和h_1即为所求.

证2 设多面体共有m个顶点,第i个顶点的度数$d(A_i)=d_i$. 指向A_i的箭头数和离开A_i的箭头数分别为d_{1i}, d_{2i}, 于是

$$d_{1i}+d_{2i}=d_i, \quad d_{1i} \geq 1, \quad d_{2i} \geq 1, \quad i=1,2,\cdots,m.$$

在一个面的周界上的顶点,若从它发出的两条棱上的箭头都指向该顶点或都离开该顶点,则称该顶点为"坏点". 注意,"坏点"是相对于面而言的,一个顶点完全可以在一个面上是"坏点",而在另一个面上不是"坏点". 不能沿周界边上的箭头方向环绕一周的面称为"坏面". 不是"坏面"的面称为"好面". 我们的问题就是证明多面体至少有两个"好面". 显然,每个坏面上至少有两个坏顶点.

注意,顶点A_i至多是$(d_{1i}-1)+(d_{2i}-1)$个面的坏顶点. 于是整个多面体的所有面的坏顶点的个数至多为

计数证明法

$$\sum_{i=1}^{m}\left[(d_{1i}-1)+(d_{2i}-1)\right]=\sum_{i=1}^{m}(d_i-2).$$

多面体的棱数为$\frac{1}{2}\sum_{i=1}^{m} d_i$, 由多面体的欧拉定理知,面数为

$$f=2+\frac{1}{2}\sum_{i=1}^{m} d_i-m.$$

坏面的个数

$$f' \leq \frac{1}{2}\sum_{i=1}^{m} d_i-m. \qquad f-f' \geq 2.$$

可见,多面体上至少有两个好面.

4 托尔斯泰全集共100卷杂乱无序地排放在书架上，每次允许将其中具有不同奇偶性卷号的任意两卷交换位置，于是存在正整数n，使得无论开始时如何摆放，至多交换n次总可以变成按照卷号摆放在书架上，求n的最小值。 （1990年圣彼得堡数学奥林匹克）

解 用100个点$A_1, A_2, \cdots, A_{100}$来分别代表书架上的100个位置，当第$i$个位置上放着第$j$卷书时($i \neq j$)，就在点$A_i$与$A_j$之间连一条线并标上一个指向$A_j$的箭头，全部标好之后，我们得到一个有向图，其中每点的度数都为2或0，而在度数为2的每个顶点，都恰有1个箭头指向它，也恰有1个箭头离开它，注意，顶点A_i度数为0意味着第i个位置上恰好放有第i卷书，当第i卷书放在第j个位置而第j卷书放在第i个位置时，点A_i与A_j之间恰有两条连线，且其上箭头的方向相反，这时可以认为两个顶点及两条边也构成一个有向圈，因此，所得到的图不是简单图。 【圈的分解定理+子图法】

去掉度数为0的孤立顶点，便得到一个每点度数皆为2的有向偶图，于是由图论的相关定理知，它可以分解为若干个两两没有公共顶点的圈。

如果交换位置的两本书处于两个不同的圈中，则交换后两个圈就变成一个圈：

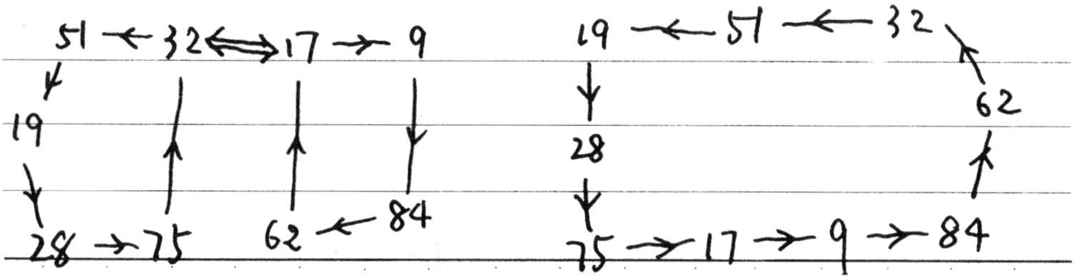

当把孤立点也视为一个圈时，则将圈上一本书与孤立点的书换位时，也是两个圈变成一个圈．我们将这样的交换称为"化合"．如果将同一个圈中的两本书换位时，则一个圈变成了两个圈．当然，若一个圈上相邻的两本书换位时，则会出现一个圈退化为孤立点的情形，而这正是我们最希望出现的情形．我们称这样的换位为"分解"．

假设在分解出的所有圈中，有 a 个圈仅由偶数号的顶点组成，有 b 个圈仅由奇数号的顶点组成．显然有 $0 \leqslant a, b \leqslant 25$．不妨设 $b \leqslant a$，于是经过 a 次"化合"之后，便可使得每个圈中都既有奇数号又有偶数号的顶点．这样一来，只要依次对每个圈作"分解"换位就可以了．实际上，每次"分解"都可以在一对相邻顶点上进行，从而使其中至少 1 点成为孤立点，且当圈中奇（偶）数号顶点较多时，就适当选择相邻顶点对，使得换位后奇（偶）数号顶点成为孤立点．于是分解过程可以进行到底，即全部顶点都成为孤立点，而且每个圈的最后一次分解，同时使两个顶点成为孤立点．可见，这样的分解至多进行 99 次．从而整个换位过程至多进行 124 次换位．

另一方面，当 50 个偶数号顶点组成一个圈而 50 个奇数号顶点每两个组成一个共组成 25 个圈时，为了消灭奇数号的圈，至少要进行 25 次"化合"换位．此外，设在整个交换过程中共产生 k 个既有偶数号又有奇数号的圈，则因原来只有一个圈中有偶顶点，故共需进行 $k-1$ 次不产生孤立点的分解．设这 k 个圈的顶点个数分别为 $n_1, n_2, \cdots, n_k$，于是 $n_1+n_2+\cdots+n_k=100$．由于有 n_j 个顶点的圈要变成 n_j 个孤立点至少要进行 n_j-1 次分解，所以为使 100 个点全部成为孤立点所要进行的分解次数至少为

$$(k-1)+(n_1-1)+\cdots+(n_k-1)=99.$$

这表明在这种情况下，至少要进行124次换位。

综上可知，所求的n的最小值为124.

※5 给定空间中9点，其中任何4点都不共面. 在这9点间连结若干条线段，使图中不存在四面体. 问图中最多有多少个三角形？说明理由.

K_4子图.

（1994年中国集训队测验题）

解 将9点分成3组，每组3点：$\{A_1,A_2,A_3\}$，$\{A_4,A_5,A_6\}$，$\{A_7,A_8,A_9\}$，并在任何异组两点间连一条线而同组两点间不连线. 这构成一个9阶图. 显然，这些线段构成的图中没有四面体且共构成$(C_3^1)^3=27$个三角形. 所以，所求的最多三角形个数不小于27. 从举例入手

若9阶图中没有四面体但至少有28个三角形，则28个三角形共有84个顶点（包括重复）. 但图中只有9个不同顶点，由抽屉原理知存在一点A是至少10个三角形的公共顶点. 按度数分类法

(1) 若点A在图中至多引出6条线，则因以点A为顶点的每个三角形都是这6条线的点A之外的另6个端点中的两点连线与点A引向此两点的两条线段构成的. 于是每个三角形对应于6个端点构成的图中的一条边. 10个三角形则对应于6阶子图中的10条边. 但是6阶图中有10条边时，图中必有三角形. 加上点A发向这个三角形3个顶点的3条边，导致9阶图中有四面体. 矛盾. 所以点A在图中至少引出7条线. 子图法

(2) 若点A共引出8条线，则除点A之外另8点为顶点的子图中不能有三角形，至多有16条线，从而9阶图中至多有16个三角形.

(3) 若点A共引出7条线，则除点A之外的7个端点为顶点的7阶子图中不能有三角形，至多有12条边，最后一点B与A无连线，即使它与另7点间都有连线，也导致9阶图中至多有24个三角形，矛盾. 所以图中不可能有28个三角形.

综上可知，图中最多有27个三角形.

注1 证明过程中用到一个大家都知道的结果：

1. 在2n阶图中若有n^2+1条边，则图中必有三角形. 所以，在没有三角形时，图中至多有n^2条线段.

2 在2n+1阶图中若有$n(n+1)+1$条边，则图中必有三角形. 所以，在没有三角形的情况下，图中至多有$n(n+1)$条边.

习6 在11阶图中既无三角形又无四边形，问图中最多能有多少条边？说明理由。

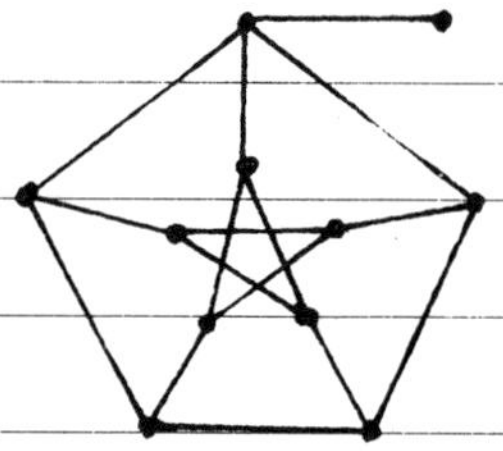

解 右面的11阶图中共有16条边且图中既无三角形又无四边形，故知所求的边数的最大值不小于16。

另一方面，再证若11阶图中有17条边，则其中或有三角形，或有四边形。

若不然，设有一个11阶图中有17条边，但图中既无三角形又无四边形。

由于图中有17条边，故11个顶点的度数之和为34。于是由抽屉原理知存在一个顶点A，使得$d(A)=k\geq4$。设由点A引出的k条边为AB_i，$i=1,2,\cdots,k$。由于图中没有三角形，故$\{B_1,B_2,\cdots,B_k\}$之间没有连线；又因没有四边形，所以余下的$10-k$个点$\{B_{k+1},\cdots,B_{10}\}$中每点至多与$\{A,B_1,B_2,\cdots,B_k\}$中的点有1条连线。这样一来，当去掉$A,B_1,B_2,\cdots,B_k$这$k+1$个点时，余下的$10-k$个顶点为顶点的子图中至少还有7条边。于是只须再证有7条边的6阶图中必有三角形或四边形。【子图法】

由于6阶图中有7条边，故图中必有圈。由于没有三角形也没有四边形，所以只能是5边和6边的圈。若有5边的圈，则或者五边形中有一条对角线，或者不在圈上的一个顶点引出两条边，无论哪种情况，都导致三角形或四边形。若有6边的圈，则还有一条对角线，所以也必有三角形或四边形，矛盾。

综上可知，图中最多有16条边。

注　6阶图中若有7条边，则必有三角形或四边形。这时，6个顶点的度数之和为14度。这导致图中至少有10个张角，再加上7条边均张在6个顶点的15个点对之间。由抽屉原理知必有二者张在同一个点对上。若是一个张角和一条边张在同一点对上，则导致三角形；若是两个张角张在同一点对上，则导致四边形。

注　10阶图中有15条边，但图中既无三角形又无四边形的例子有如下的3个：

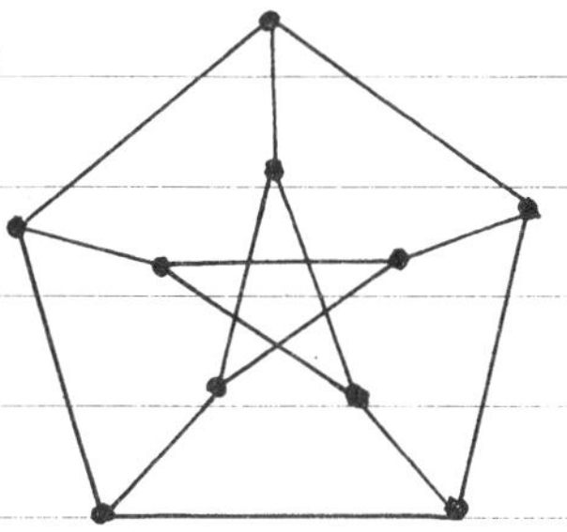

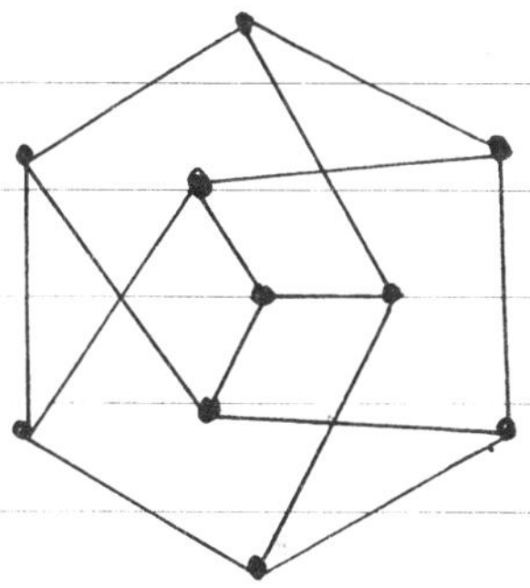

（2011.1.29）

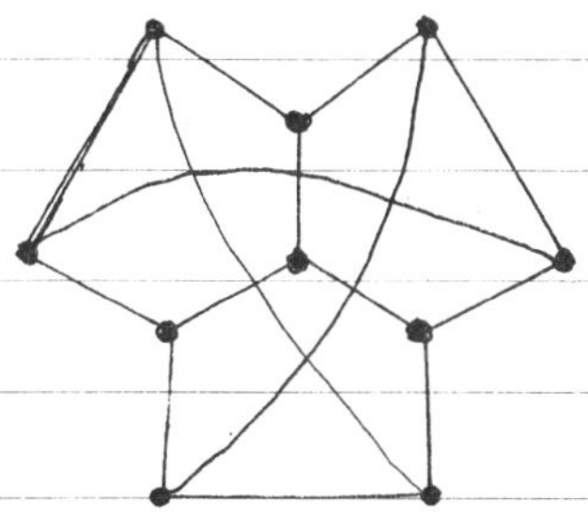

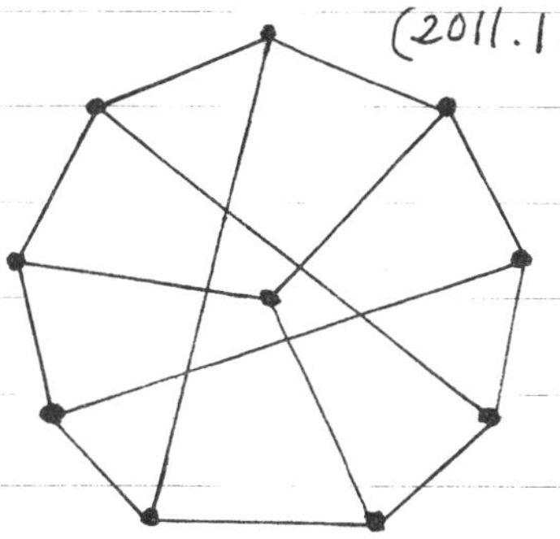

注意：下两个图中，稍作改动，其实是一样的。

7　设在133个正整数中，至少有799对数互质．求证其中必存在4个正整数a，b，c，d使得 $(a,b)=(b,c)=(c,d)=(d,a)=1$．

（1990年中国集训队训练题）

证　用133个点来代表这133个正整数，若两个正整数互质，则在相应两点间连一条线．于是得到一个图，其中至少有799条边．所以这图中133个顶点的度数之和不小于 $799\times2=1598$．

下面我们来考察图中的夹角数．众所周知，在顶点度数之和一定的条件下，各顶点度数越平均，夹角总数就越少．因为

$$1598\div133=12\cdots2,\quad 1598=131\times12+2\times13.$$

所以图中夹角总数不小于　　图＋抽屉原理

$$131\times C_{12}^{2}+2\times C_{13}^{2}=131\times66+2\times78=\alpha$$

又因图中点对数为

$$C_{133}^{2}=133\times66=\beta.$$

显然 $\alpha>\beta$．故由抽屉原理知必有两个夹角张在同一个点对 (b,d) 上．两个夹角的角顶分别记为a和c，于是这4点a，b，c，d便满足题中要求．

注　这个题目也可以不用图论方法而直接用集合论来证．但不如图论方法来得直观．

$$C_{n+2}^{2}+C_{n}^{2}=\frac{1}{2}(n+2)(n+1)+\frac{1}{2}n(n-1)=n^2+n+1>n(n+1)$$
$$=2C_{n}^{2}.$$

8 本册后面《分组构造法》中3题和4题.

9 设M是由有限多个整点组成的平面集合. 现将M中的每点都涂上黑白两色之一. 求证存在一种涂色法, 使在每条平行于坐标轴的直线上, 所涂色的两色整点的个数至多相差1个. (1986年IMO 6题)

证 将其上有整点且平行于一条坐标轴的直线称为坐标线. 将每条坐标线上的M的整点两两分组并在每组两点之间连一条线段. 当然, 每条坐标线上至多余下一个点没有组, 而且与其它点之间也没有连线. 于是得到一个图G. 其中每点的度数都不超过2.

引理 对于每点度数都不超过2的一个图G, 它的连通分支只有如下3种: 孤立点, 链和圈. 分拆定理+子图法

显然, 这只要从某点出发并沿边前进即可推得.

对于图G中的孤立点, 可随意涂上黑白两色之一. 对于图G中的链可将顶点相间地涂上黑白两色. 对于图G中的圈. 因为圈上的边横边与竖边相间排列. 所以圈上必有偶数条边, 当然有偶数个顶点. 从而也可将顶点相间地涂上黑色与白色. 不难看出, 这样涂色之后. 有边相连的任何两点都是一黑一白. 而每坐标线上的点又至多一点无边相连. 所以黑白两色的点至多相差1个.

10　设在n阶图中共有m条边，使对图G中任何两个顶点A和B，都有一个张角张在点对$\{A,B\}$上，即存在另一个顶点C，使边AC，BC都存在．求边数m的最小值．（《奥赛经典（组合卷）》133页例8）

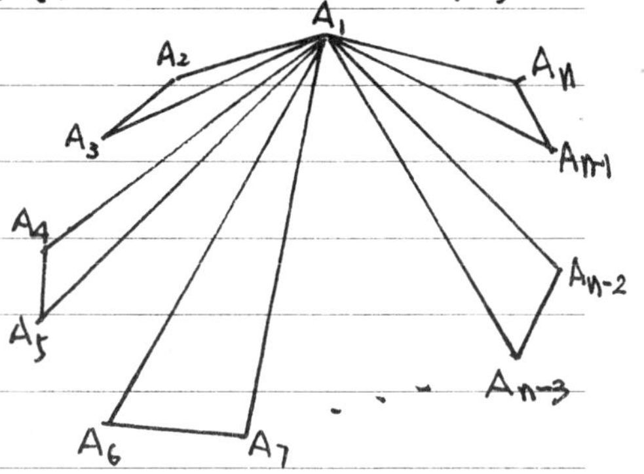

解　当n为奇数时，$n-1$为偶数．右图中共有$\frac{n-1}{2}$个三角形：$\triangle A_1A_2A_3$，$\triangle A_1A_4A_5$，$\triangle A_1A_6A_7$，…，$\triangle A_1A_{n-3}A_{n-2}$和$\triangle A_1A_{n-1}A_n$，当然共有$\frac{n-1}{2}\times3=\frac{3n-3}{2}$条边．

当n为偶数时，$n-1$为奇数，不能像上图那样连成若干个三角形．但可连成如右图所示：其中除最后一个四边形$A_1A_{n-2}A_{n-1}A_n$之外，还有$\frac{n-4}{2}$个三角形．共有$\frac{n-4}{2}\times3+5=\frac{3n-12+10}{2}=\frac{3n-2}{2}$条边．

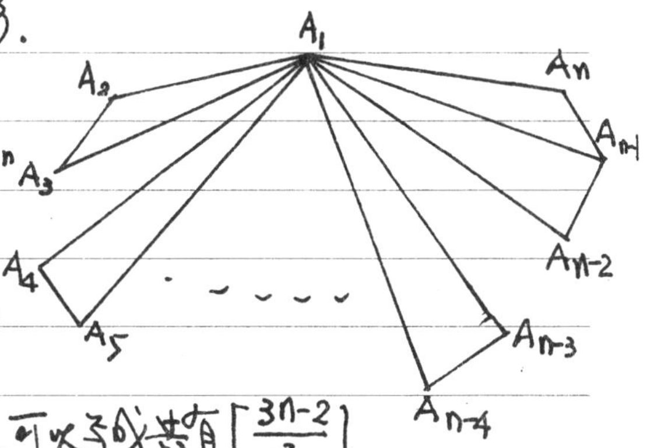

从举例入手

将两图把结论整合起来，可以写成共有$\left[\frac{3n-2}{2}\right]$条边．这表明所求的边数$m$的最小值不大于$\left[\frac{3n-2}{2}\right]$（必要条件）．

另一方面，考察图G中度数最小的点A．显然，$d(A)>0$．若$d(A)=1$，不妨设点A引出的唯一一条边为AB．于是点对$\{A,B\}$上不可能有张角．所以$d(A)\geq2$．设$d(A)=2$且点A引出的两条边为AB和AC．由于点对$\{A,B\}$上必有张角．故必有边BC．设另外的$n-3$个点为$D_1,D_2,\cdots,D_{n-3}$．由于点A只引出两条边且点对$\{A,D_i\}$（$i=1,2,\cdots,n-3$）上都有张角，故 D_i 至少与两点 B、C 之一有连线，$i=1,2,\cdots,n-3$，这只导致 $n-3$ 条边。此外，$D_1,D_2,\cdots,D_{n-3}$ 每点度数皆不小于 2，故图 G 中还应有 $\left[\frac{n-2}{2}\right]$ 条边，从而图 G 中至少应有

$$3+n-3+\left[\frac{n-2}{2}\right]=\left[\frac{3n-2}{2}\right]$$

条边。

度的分析法

综上可知，图 G 中边数 m 的最小值为 $\left[\frac{3n-2}{2}\right]$。

※11 设 $S=\{1,2,\cdots,16\}$，$A_1,A_2,\cdots,A_k$ 都是 S 的子集且满足

(i) $|A_i|=3$，$i=1,2,\cdots,k$；

(ii) 对于 S 的任何一个三元子集 B，都有 A_i，$1\leqslant i\leqslant k$，使得 $|B\cap A_i|\geqslant 2$.

求 k 的最小值.

解 令

$$S_1=\{1,2,\cdots,9\},\ S_2=\{10,11,\cdots,16\}$$

于是有 $S_1\cup S_2=S$，$S_1\cap S_2=\varnothing$. 再令

$A_1=\{1,2,3\}$，$A_2=\{4,5,6\}$，$A_3=\{7,8,9\}$，$A_4=\{1,4,7\}$，

$A_5=\{2,5,8\}$，$A_6=\{3,6,9\}$，$A_7=\{1,5,9\}$，$A_8=\{2,6,7\}$，

$A_9=\{3,4,8\}$，$A_{10}=\{1,6,8\}$，$A_{11}=\{2,4,9\}$，$A_{12}=\{3,5,7\}$；

$A_{13}=\{10,11,13\}$，$A_{14}=\{11,12,14\}$，$A_{15}=\{12,13,15\}$，$A_{16}=\{13,14,16\}$，

$A_{17}=\{14,15,10\}$，$A_{18}=\{15,16,11\}$，$A_{19}=\{16,10,12\}$.

我们约定，如果对于 $T\subset S$ 中的任何两数 $\{i,j\}$，都存在 A_h，$1\leqslant h\leqslant m$，使得 $\{i,j\}\subset A_h$，则称 $A_1,A_2,\cdots,A_m$ 覆盖 T. 于是 $A_1,A_2,\cdots,A_{12}$ 覆盖 S_1；$A_{13},A_{14},\cdots,A_{19}$ 覆盖 S_2. 对于 S 的任何一个三元子集 $B=\{b_1,b_2,b_3\}$，由抽屉原理知 B 的 3 个元素中必有两个元素同属于 S_1 或 S_2. 不妨设 $\{b_1,b_2\}\subset S_1$，从而存在 A_i，$1\leqslant i\leqslant 12$，使得 $|B\cap A_i|\geqslant 2$. 即对 $A_1,A_2,\cdots,A_{19}$ 有条件(i)和(ii)成立. 所以 k 的最小值不大于 19.

另一方面，设有 S 的 18 个三元子集满足题中条件(ii)，将这 18 个子集分别记为 $M_1,M_2,\cdots,M_{18}$. 用 16 个点来代表 S 中的 16 个数，当且仅

当S中的两数属于同一个M_i（$1\le i\le 18$）时，在相应两点之间连一条线段，于是得到一个16阶图G，其中至多有54条边（当S中两数同属于两个以上M_i时，在相应两点间也只连一条边）且任何一个三阶子图中至少有1条边。

补图法

考察图G的补图G'，则G'当然也是16阶，其中至少有$C_{16}^2-54=120-54=66$条边。为使下面证明条理清楚，引入如下的引理。

引理 若在2n阶图中至少有n^2+1条边，则图中必有三角形。

这是上世纪五六十年代好几个国家作为竞赛题的一个重要结果，证明从略。

回到本题的证明，这时$n=8$，$n^2+1=65$，完全满足引理的条件，故由引理知图G'中存在三角形△DEF。这样一来，在原图G中，以$\{D,E,F\}$为顶点的三阶子图中，一条边也没有，矛盾。

综上可知，k的最小值为19。

12 设 $m,n\in\mathbf{N}^*$，现有 mn 块糖分包成若干包，使得不打开包装可以分成 m 堆，每堆 n 块，也可以分成 n 堆，每堆 m 块．问最少要包成多少包才能满足要求？

解 将 mn 块糖排成一行，先每隔 m 块插入一根筷子，再每隔 n 块插入一根筷子．然后将每相邻两根筷子之间的糖块各包成一包．易见，这时共有 $m+n-(n,m)$ 包且这样的包法显然满足题中要求．

另一方面，设最少要分成 k 包，设想这同样的 k 包有两组，按同样的次序排成两行．第1行分成 m 堆，每堆 n 块；第2行分成 n 堆，每堆 m 块．分别用 m 点和 n 点来代表两行中的诸堆．当且仅当同样的包在两行中所属的两堆所对应的两点之间连一条线段．于是得到一个有 $m+n$ 个顶点和 k 条边的简单图．因为 k 是最小值，故两点间至多有1条边，否则两点之间所连的两条线所对应的两包可以合併成一包而使包数变少，此与 k 的最小性矛盾．

设这个图可以分解为 h 个连通分支，于是每个分支中相应的各包中的糖块总数都是 m,n 的公倍数，所以 $h\le(m,n)$．又因每个连通分支中连线数都不小于顶点数减1，所以整个图中的连线数不小于 $m+n-h$，即

$$k\ge m+n-h\ge m+n-(m,n).$$

综上可知，所求的包数的最小值为 $m+n-(m,n)$．

二 条件子集问题

1 (1) 在7×7方格表中将k个方格的中心涂成红点，使得任何4个红点都不是一个边平行于网格线的矩形的4个顶点，求k的最大可能值；（1975年全苏数学奥林匹克）

(2) 将(1)中的7×7方格表改为13×13，求解同样的问题；

(3) 将(1)中的7×7方格表改为21×21，求解同样的问题；

(4) 将(1)中的7×7方格表改为10×10，求解同样的问题.

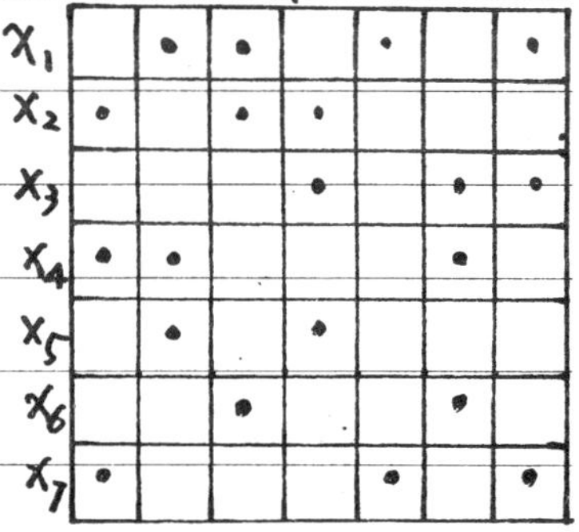

解 设在第i行方格中共标有x_i个红点，于是$x_1+x_2+\cdots+x_7=k$.

按已知，不能有4个红点是一个边平行于网格线的矩形的4个顶点，即不能在表中存在两行，各有两个红点且这4个红点又各在两列中，每列两个红点. 这意味着表中每行的红点对的"列号对"都不同于其它行的"列号对"，即表中的"同行红点对"所对应的"列号对"互不相同. 又因7列只能组成的不同列号对的总数为$C_7^2=21$，故有

$$C_{x_1}^2+C_{x_2}^2+\cdots+C_{x_7}^2\le 21.$$

$$x_1(x_1-1)+x_2(x_2-1)+\cdots+x_7(x_7-1)\le 42,$$

$$x_1^2+x_2^2+\cdots+x_7^2\le 42+k. \quad ①$$

由柯西不等式有

$$x_1^2+x_2^2+\cdots+x_7^2\ge\frac{1}{7}(x_1+x_2+\cdots+x_7)^2=\frac{1}{7}k^2. \quad ②$$

由①和②得到

$$k^2-7k-7\times42\le 0. \quad ③$$

解③得到 $-14 \le k \le 21$，即至多有21个红点。为使 $k=21$，②式中应为等号，故应有 $x_1=x_2=\cdots=x_7=3$.

用字典排列法和轮换排列法都可以举出有21个红点的例子：

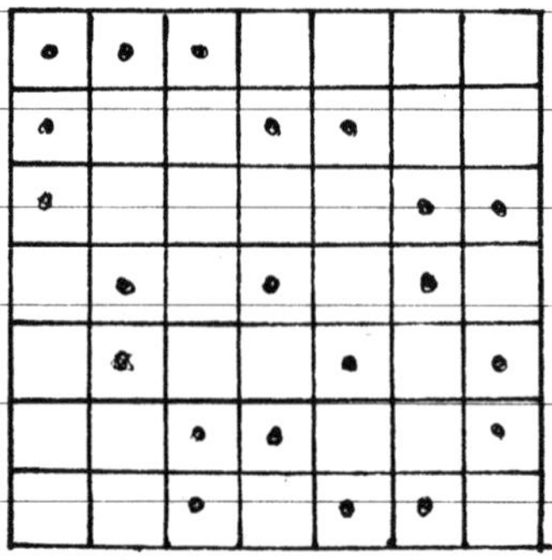

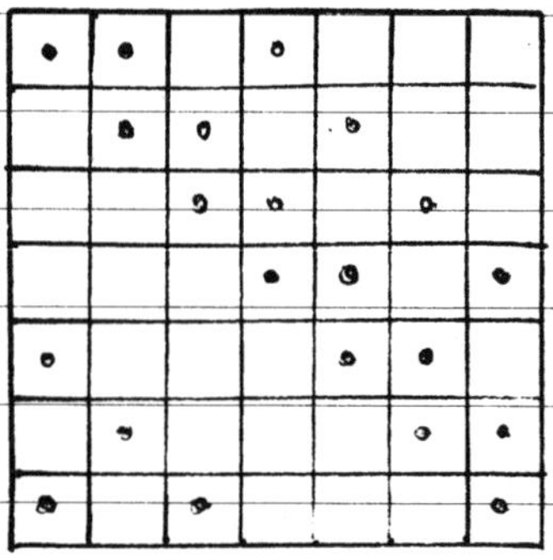

(2) 类似于(1)的推导，可得

$$\frac{1}{13}k^2 \le x_1^2+x_2^2+\cdots+x_{13}^2 \le 13\times 12+k$$

$$k^2-13k-13^2\times 12 \le 0$$

解得 $-39 \le k \le 52$，即表中至多有52个红点，每行恰有4个红点。

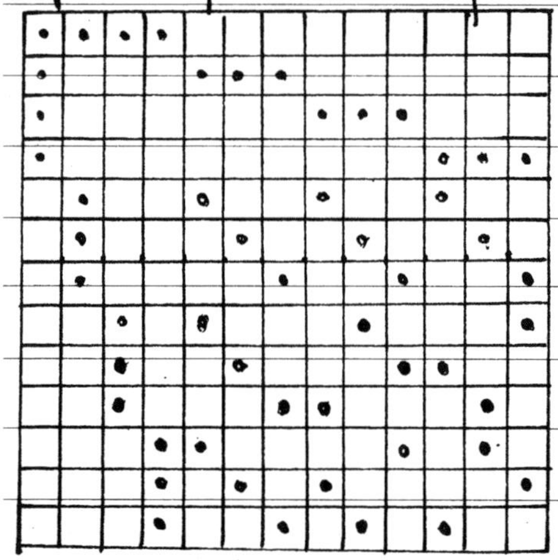

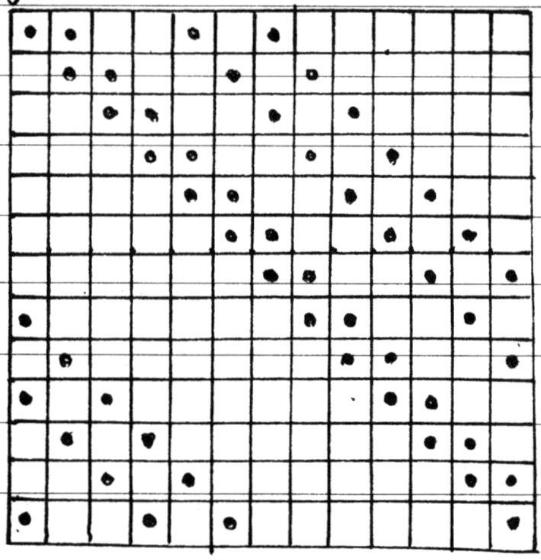

(3) 类似于(1)和(2)的推导，可得

$$\frac{1}{21}k^2 \le x_1^2+x_2^2+\cdots+x_{21}^2 \le 21\times 20+k$$

$$k^2-21k-21^2\times 20\le 0 .$$

解得 $-84\le k\le 105$，且应有 $x_1=x_2=\cdots=x_{21}=5$.

用字典排列法和轮换排列法可给出每行恰有5个红点的例子：

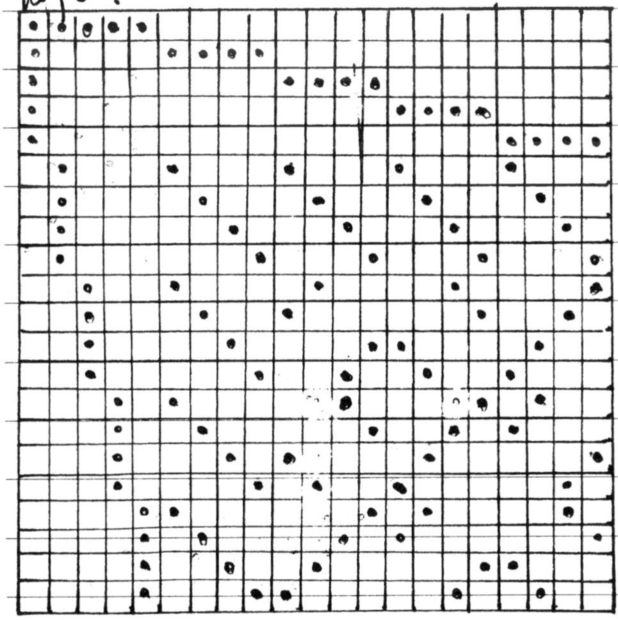

(1, 2, 3, 4, 5)
(1, 6, 7, 8, 9)
(1, 10, 11, 12, 13)
(1, 14, 15, 16, 17)
(1, 18, 19, 20, 21)
(2, 6, 10, 14, 18)
(2, 7, 11, 15, 19)
(2, 8, 12, 16, 20)
(2, 9, 13, 17, 21)
(3, 6, 11, 16, 21)
(3, 7, 10, 17, 20)
(3, 8, 13, 14, 19) (3, 9, 12, 15, 18) (4, 6, 12, 17, 19)
(4, 7, 13, 16, 18) (4, 8, 10, 15, 21) (4, 9, 11, 14, 20)
(5, 6, 13, 15, 20) (5, 7, 12, 14, 21) (5, 8, 11, 17, 18)
(5, 9, 10, 16, 19).

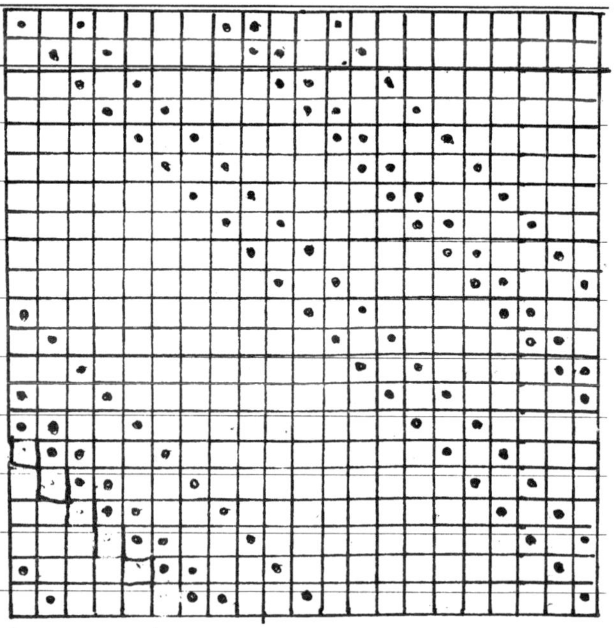

(4) 从13×13的轮换排列法的具有52个红点的表中划掉3行3列，即可得到一个10×10的方格表，为使后者中的红点最多，应该使划掉的红点最少，于是有如右图所示，在余下的10×10方格表中，共有52−18=34个红点。

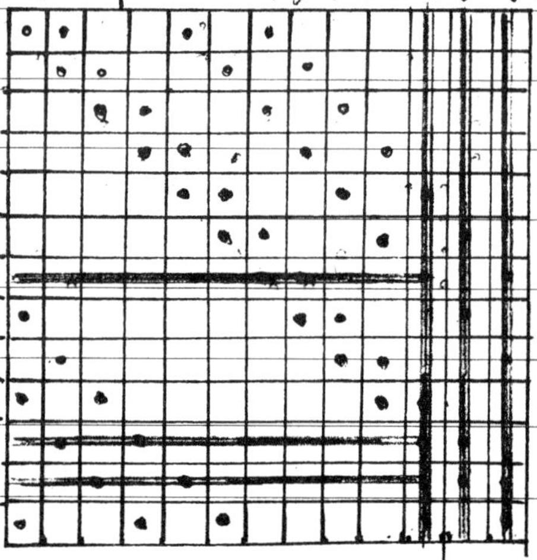

若10×10方格表中有35个红点，则由抽屉原理知必有一行中至少有4个红点，不妨设第1行的前4个方格的中心均为红点并设第1行的后6个方格中不再有红点，这样一来，后9行中每行的前4个方格中至多1个红点，划去前4列和第1行，在余下的9×6表格

中，至少还有22个红点，即

$$x_2+x_3+\cdots+x_{10}\geq 22.$$

而"同行红点对"个数为

$$C_{x_2}^2+C_{x_3}^2+\cdots+C_{x_{10}}^2\geq 4C_3^2+5C_2^2=17.$$

由抽屉原理知，其中必有两个"对"的"列号对"相同，即存在4个红点是一个边平行于网格线的矩形的4个顶点，矛盾。

综上可知，10×10方格表中最多有34个红点。

注 前3个问题都是先估计再举例而且举例时都是用的字典排列法和轮换排列法。若这个问题也循路而走，则有

$$C_{x_1}^2+C_{x_2}^2+\cdots+C_{x_{10}}^2\leq C_{10}^2=45.$$

用柯西不等式可化为不等式

$$k^2-10k-900\leq 0.$$

解得

$$k\leq 5+5\sqrt{37},\quad k\leq 35. \qquad (*)$$

注意，前3个问题中，解出的 $k\leq 21$，$k\leq 52$，$k\leq 105$ 中的等号都可以在诸 x_i 都相等时成立，而现在由于诸 x_i 不能都相等，所以(*)式中等号不能成立，但却是 $k\leq 5+5\sqrt{37}$ 中的等号不能成立。于是仍然只有 $k\leq 35$，证明时还不知 $k=35$ 是否可以成立，所以我们的先举例后估计的方法就明显地简捷一些，因为我们在解10×10的问题时，已经不是一无所知，而是已知了13×13的结果，所以解题时不必从头做起，而可以利用现成结果改造而来。

从集合与子集的角度来看，问题就化为

(1′) 设 $S=\{1,2,3,4,5,6,7\}$，$A_i\subset S$，$i=1,2,\cdots,7$ 且其中任何两个子集至多有1个公共元素，求 $k=\sum_{i=1}^{7}|A_i|$ 的最大值。

(2′) 设 $S=\{1,2,\cdots,13\}$，$A_i\subset S$，$i=1,2,\cdots,13$ 且其中任何两个子集至多有1个公共元素，求 $k=\sum_{i=1}^{13}|A_i|$ 的最大值。

这时用字典排列法和轮换排列法构造的例子分别为

(1′) $\{1,2,3\}$，$\{1,4,5\}$，$\{1,6,7\}$，$\{2,4,6\}$，$\{2,5,7\}$，$\{3,4,7\}$，$\{3,5,6\}$；

$\{1,2,4\}$，$\{2,3,5\}$，$\{3,4,6\}$，$\{4,5,7\}$，$\{5,6,1\}$，$\{6,7,2\}$，$\{7,1,3\}$。

(2′) $\{1,2,5,7\}$，$\{2,3,6,8\}$，$\{3,4,7,9\}$，$\{4,5,8,10\}$，$\{5,6,9,11\}$，$\{6,7,10,12\}$，$\{7,8,11,13\}$，$\{8,9,12,1\}$，$\{9,10,13,2\}$，$\{10,11,1,3\}$，$\{11,12,2,4\}$，$\{12,13,3,5\}$，$\{13,1,4,6\}$；

$\{1,2,3,4\}$，$\{1,5,6,7\}$，$\{1,8,9,10\}$，$\{1,11,12,13\}$，$\{2,5,8,11\}$，$\{2,6,9,12\}$，$\{2,7,10,13\}$，$\{3,5,9,13\}$，$\{3,6,10,11\}$，$\{3,7,8,12\}$，$\{4,5,10,12\}$，$\{4,6,8,13\}$，$\{4,7,9,11\}$。

2 (1) 10个人到书店去买书，已知

(i) 每人都买了三种书；

(ii) 每两人所买的书中，都至少有1种相同.

问购买人数最多的一种书最少有几人购买？说明理由.

(2) 9个人到书店去买书，已知

(i) 每人都买了4种书；

(ii) 每两个人所买的书中，都至少有1种相同.

问购买人数最多的一种书最少有几人购买？说明理由.

(3) 9个人到书店去买书，已知

(i) 每人都买了5种书；

(ii) 每两个人所买的书中，都至少有2种相同.

问购买人数最多的一种书最少有几人购买？

解 (1) 设10人是A，B，C，D，E，F，G，H，I，J. A买的3种书是1，2，3. 于是由条件(ii)知另9人每人都至少在1，2，3这三种书中买1种. 9个人共至少买9种. 由抽屉原理知下列两种情形之一成立：

(a) 1，2，3这3种书每种书恰有4人买（包括A在内）；

(b) 3种书中有1种至少有5人买.

这是就A的情形讨论的. 当然，对于另9人中的每一人，都可以进行类似的讨论，也都是两种情形之一.

如果10个人中，每人都是情形(a)，则10人中有人买的每种书都恰有4人买，从而10人买书的总数必为4的倍数. 但由(i)知10

人买书的总数为30，不是4的倍数，矛盾。这表明10人不可能都是情形(a)，即至少有1人为情形(b)。故知购买人数最多的一种书，至少有5人买。

下面来构造每种书至多有5人买的满足题中要求的例子。

(a) 字典排列法：

$\{1,2,3\}\{1,4,5\}\{1,6,7\}\{2,4,6\}\{2,5,7\}$
$\{3,4,7\}\{3,5,6\}\{1,2,3\}\{1,4,5\}\{3,5,6\}$；

$\{1,2,3\}\{1,4,5\}\{2,4,6\}\{3,5,6\}\{1,2,3\}$
$\{1,4,5\}\{2,4,6\}\{1,3,6\}\{3,4,5\}\{2,5,6\}$.

(b) 轮换排列法：

$\{1,2,4\}\{2,3,5\}\{3,4,6\}\{4,5,7\}\{5,6,1\}$
$\{6,7,2\}\{7,1,3\}\{1,2,4\}\{2,3,5\}\{7,1,3\}$；

$\{1,2,4\}\{2,3,5\}\{3,4,6\}\{4,5,1\}\{5,6,2\}$
$\{6,1,3\}\{1,2,4\}\{2,3,5\}\{3,4,6\}\{1,5,6\}$.

(c) 子集法

✓$\{1,2,3\}\{4,5,6\}$ ✓$\{1,3,5\}\{2,4,6\}$
✓$\{1,2,4\}\{3,5,6\}$ $\{1,3,6\}\{2,4,5\}$✓
$\{1,2,5\}\{3,4,6\}$✓ $\{1,4,5\}\{2,3,6\}$✓
$\{1,2,6\}\{3,4,5\}$✓ ✓$\{1,4,6\}\{2,3,5\}$
$\{1,3,4\}\{2,5,6\}$✓ ✓$\{1,5,6\}\{2,3,4\}$.

从10对互补子集中，各选1个3元子集且选法均匀。例如可选

$\{1,2,3\}\{1,2,4\}\{1,3,5\}\{1,4,6\}\{1,5,6\}$

{3.4.6}{3.4.5}{2.5.6}{2.4.5}{2.3.6}.

(d) 图形法(也是一种轮换排列法)

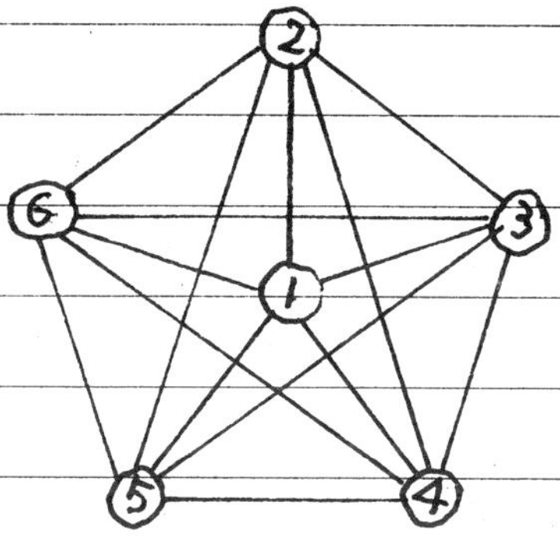

{1.2.3}{1.3.4}{1.4.5}

{1.5.6}{1.6.2}

{2.4.5}{3.5.6}{4.6.2}

{5.2.3}{6.3.4}.

前5人都买了第1种书，当然有公共元素．后5人中每人都买了{2.3.4.5.6}中的3种，两人买6种，当然有公共元素．当两人为一前一后时，后一人未买的书除①之外的两种不相邻，前一人在外5种书中买的两种相邻，所以二者有公共元素．即任何两人所买的书中，至少有1种相同．

综上可知，购买人数最多的一种书，最少有5人买．

(2) 设9人中A买的4种书是1.2.3.4．于是由(ii)知另8人B.C.D.E.F.G.H.I都必须买这4种书之一，于是至少共买8种．由抽屉原理知至少有2人买了同一种书，加上A至少有3人买同一种书．故知所买的最少最大值不小于3．

用字典排列法可以看出，每人买4种书，9人共买36种书．每种书至多3人购买，至少有12种不同的书：

{1.2.3.4}{1.5.6.7}{1.8.9.10}{2.5.8.11}{2.6.9.12}

{3.5.10.12}{3.7.9.11}{4.6.10.11}{4.7.8.12}.

综上可知，购买人数最多的一种书，最少有3人买．

{1.2.3.10} {1.4.7.11} {1.5.9.12}
{4.5.6.10} {2.5.8.11} {2.6.7.12}
{7.8.9.10} {3.6.9.11} {3.4.8.12}.

前页的例子也可以换成图表法，但基本思想仍是字典排列法：

A	•	•	•	•								
B	•				•	•	•					
C	•							•	•	•		
D		•			•			•			•	
E		•				•			•			•
F			•		•					•		•
G			•				•		•		•	
H				•			•	•				•
I				•		•				•	•	

(3) 设A买的5种书为

A：(1、2、3、4、5).

于是由(ii)知另8人中每人都要买这5种书中的至少2种，至少共买16种。由抽屉原理知必有1种书至少共有4人买，加上A至少共有5人买。

另一方面，用轮换排列法可以写出：

{1.2.3.5.6} {2.3.4.6.7} {3.4.5.7.8}
{4.5.6.8.9} {5.6.7.9.1} {6.7.8.1.2}
{7.8.9.2.3} {8.9.1.3.4} {9.1.2.4.5};

还可用轮换排列法写出：

{1.2.3.5.8} {2.3.4.6.9} {3.4.5.7.1}
{4.5.6.8.2} {5.6.7.9.3} {6.7.8.1.4}
{7.8.9.2.5} {8.9.1.3.6} {9.1.2.4.7};

还可稍加修改地写成

{1,2,3,5,8} {2,3,4,6,9} {3,4,5,7,10}

{4,5,6,8,1} {5,6,7,9,2} {6,7,8,10,3}

{7,8,9,1,4} {8,9,10,2,5} {9,10,1,3,6}

以上3组例子中，每两个五元子集都至少有2个公共元素。

也可以举下面的例子

{1,2,4,5,7} {2,3,5,6,8} {3,4,6,7,9}

{4,5,7,8,1} {5,6,8,9,2} {6,7,9,1,3}

{7,8,1,2,4} {8,9,2,3,5} {9,1,3,4,6}；

{1,2,4,5,7} {2,3,5,6,8} {3,4,6,7,9}

{4,5,7,8,10} {5,6,8,9,1} {6,7,9,10,2}

{7,8,10,1,3} {8,9,1,2,4} {9,10,2,3,5}；

{1,2,5,6,8} {2,3,6,7,9} {3,4,7,8,1}

{4,5,8,9,2} {5,6,9,1,3} {6,7,1,2,4}

{7,8,2,3,5} {8,9,3,4,6} {9,1,4,5,7}.

以上3组均为轮换排列法。 (2006.7.10)

{1,2,3,5,7} {2,3,4,6,8} {3,4,5,7,9}

{4,5,6,8,1} {5,6,7,9,2} {6,7,8,1,3}

{7,8,9,2,4} {8,9,1,3,5} {9,1,2,4,6}.

3(1) 8位歌手参加一次艺术节，准备为他们安排 m 场演出，每次由其中4位登台演出。要求8位歌手中任意两位同场演出的次数都同样多。请设计一种方案，使得演出的次数最少。

（1996年中国数学奥林匹克第4题）

(2) 若将8人改为10人，其他条件不变，解同样的问题。

(3) 若将8人改为7人。

(4) 若将8人改为6人。

(5) 若将8人改为9人，其他条件不变，解同样的问题。

解 (1) 设任意两位歌手都同场演出 r 次，于是8人共演出 rC_8^2 次。同时又有，m 场演出共有 mC_4^2 对歌手同场演出，故有

$$mC_4^2=rC_8^2,\quad 6m=28r,\quad 3m=14r.$$

因此有 $3|r$，$14|m$，故得 $m\geq14$，$r\geq3$。若 $r=3$，则 $m=14$。

将8名歌手分别编号为1,2,…,8，并安排14场演出如下：

{1,2,3,4}{5,6,7,8}{1,2,5,6}{3,4,7,8}

{1,2,7,8}{3,4,5,6}{1,3,5,7}{2,4,6,8}

{1,3,6,8}{2,4,5,7}{1,4,5,8}{2,3,6,7}

{1,4,6,7}{2,3,5,8}.

综上可知，最少演出 $m=14$ 场，这时任何两位歌手都同场演出3次。

(2) 像(1)中一样地可得

$$mC_4^2=rC_{10}^2,\quad 6m=45r,\quad 2m=15r.$$

因此有 $15|m$，$2|r$，故得 $m\geq15$，$r\geq2$，即至少演出15场。（当 $m=15$）这时每两人都同场演出2次，每人参加6场演出。

按字典排列和均匀排列的原则可写出如下演出顺序：

{1,2,3,4} {1,5,6,7} {1,8,9,10}

{1,2,5,8} {1,3,6,9} {1,4,7,10}

{2,3,7,10} {2,4,6,9} {2,5,6,10}

{2,7,8,9} {3,4,5,8} {3,5,7,9}

{3,6,8,10} {4,5,9,10} {4,6,7,8}.

所以，10人最少演出15场.

(3) 若有7名歌手的情形较为简单，因为这时有现成的轮换排列法，这时

$$mC_4^2=rC_7^2,\ 6m=21r,\ 2m=7r.$$

因此有 $7|m$，$2|r$，$m\geq7$，且当 $m=7$ 时，$r=2$.

另一方面，由轮换排列法有

{1,2,3,5} {2,3,4,6} {3,4,5,7} {4,5,6,1}

{5,6,7,2} {6,7,1,3} {7,1,2,4}.

可见，每对数恰属于两个四元子集，即每两人同场演出2次.

(3) 若将歌手改为11人，每场5人登台演出，每两人同场演出的次数都同样多，则结果与此类似，这时有

$$mC_5^2=rC_{11}^2,\ 10m=55r,\ 2m=11r.$$

因此有 $11|m$，$2|r$ 且当 $m=11$ 时，$r=2$.

另一方面，由轮换排列法有

{1,2,3,5,8} {2,3,4,6,9} {3,4,5,7,10} {4,5,6,8,11}

{5,6,7,9,1} {6,7,8,10,2} {7,8,9,11,3} {8,9,10,1,4}

{9,10,11,2,5} {10,11,1,3,6} {11,1,2,4,7}.

$a\in\{1,2,3,4,5,6\}$，对含 a 对换序求和有，设 $a\in k$ 个四元子集，

$3k=5r$，$3|r$，又因 $2|r$，所以 $6|r$，共 $C_6^2=15$ 对。

所以，所有四元集共 90 个对，每个四元集 6 对，故 $m=15$。

易见，每个数对均恰属于两个五元子集，即每两人同场演出 2 次。

所以，最少要安排 11 场演出。

(4) 当总共只有 6 名歌手时，类似地有

$$mC_4^2=rC_6^2\quad 6m=15r，2m=5r，5|m，2|r.$$

若 $m=5$，则 $r=2$，即每两人都同场演出 2 次。5 场共有 20 人次登场演出。共有 6 人，由抽屉原理知 6 人中有一人 A，至多出场 3 次。

在 A 出演的 3 场中，除 A 外还有 9 人次出场，都是除 A 之外的另外 5 人。由抽屉原理知，5 人中必有一人 B，至多出场 1 次。这导致 A 和 B 两人在全部 5 场中至多共同出场 1 次，矛盾。

若 m 的最小值为 10，则 $r=4$，即每两人都同场演出 4 次。10 场中共有 40 人次出场，由抽屉原理知，6 人中必有一人 A，至多出场 6 次。

在有 A 出场的 6 场中，除 A 外还有 18 人次出场，都是除 A 之外的另 5 人。由抽屉原理知 5 人中必有一人 B，至多出场 3 次。于是 A 和 B 两人在全部 10 场中至多同时出场 3 次，矛盾。于是 m 的最小值不小于 15。

由于 $C_6^2=15$，故可写出 $S=\{1,2,3,4,5,6\}$ 的 4 元子集恰有 15 个，故可都写出来即满足要求：

$\{1,2,3,4\}\{1,2,3,5\}\{1,2,3,6\}\{1,2,4,5\}\{1,2,4,6\}$

$\{1,2,5,6\}\{1,3,4,5\}\{1,3,4,6\}\{1,3,5,6\}\{1,4,5,6\}$

$\{2,3,4,5\}\{2,3,4,6\}\{2,3,5,6\}\{2,4,5,6\}\{3,4,5,6\}$

综上可知，m 的最小值为 15。

注　反证中在 $m=5$ 和 $m=10$ 时两次用到抽屉原理，都是用到少的抽屉原理．若改用多的抽屉原理，也可以导出矛盾．类似的证明可见下面的论证．

(5) 当共有 9 名歌手时，类似地有（第 i 名歌手与另 8 人各组成一个两人组，各出场 r 次，i 共出场 8r 次，i 出场 k 次，每次 3 个含 i 两人对，则共有 $8r=3k$，）

$mC_4^2=rC_9^2$，$6m=36r$，$m=6r$．$3|r$，$18|m$，$m\geq 18$．

若 $m=6$，则 $r=1$．全部 6 场中共有 24 人次出场．由抽屉原理知，9 人中必有一人 A 至少出场 3 次．在有 A 出场的这 3 场中，除 A 之外还有 9 人次出场，全是除 A 之外的另外 8 人．再由抽屉原理又知必有一人 B，至少出场两次．于是 A 和 B 两人在全部 6 场中至少同时出场 2 次．此与 $r=1$ 矛盾．

若 $m=12$，则 $r=2$．全部 12 场中共有 48 人次出场．由抽屉原理知 9 人中必有一人 A 至少出场 6 次．在这 6 场中，除 A 之外另外 8 人共出场 18 人次．再由抽屉原理又知另 8 人中必有一人 B，至少出场 3 次．于是 A，B 两人在全部 12 场中同时出场至少 3 次，此与 $r=2$ 矛盾．

当 $m=18$ 时，$r=3$．用轮换排列法可以写出下列 18 场演出安排如下：

{1.2.3.5} {2.3.4.6} {3.4.5.7} {4.5.6.8} {5.6.7.9}
{6.7.8.1} {7.8.9.2} {8.9.1.3} {9.1.2.4}．
{1.4.6.9} {2.5.7.1} {3.6.8.2} {4.7.9.3} {5.8.1.4}
{6.9.2.5} {7.1.3.6} {8.2.4.7} {9.3.5.8}．

可以看出，$S=\{1,2,\cdots,9\}$的每两个数都同时属于上述18个四元子集中的3个，恰表明$r=3$。这个方法是这样找出来的：首先画出正九边形和它的外接圆，然后取正九边形的9个顶点中的两个四元子集$\{1,2,3,5\}$和$\{1,4,6,9\}$，每个四元子集中的4个顶点之间两两连线，得到12条线，其长度分别为1，1，2，2，3，4和3，2，3，1，4，4，即长度分别为1，2，3，4的连线各3条。所以这两个四边形以圆心为心旋转一周时，正九边形的所有边和对角线都恰好转到3次，即$r=3$。

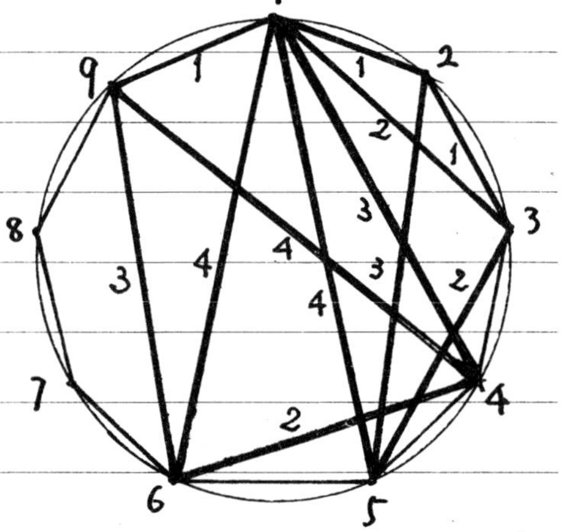

(6) 10名歌手参加一次艺术节，准备为他们安排m场演出，每场或有4人或有5人出场演出，要求10名歌手中任意两人同场演出的次数都同样多。请设计一种方案，使得演出的场次数m最小。

解　设任何两名歌手都同场演出r次，于是10名歌手共同场演出$45r$次。另一方面，若一场有4人出场，则同场演出对为$C_4^2=6$，若有5人出场，则又有同场演出对为$C_5^2=10$。共演出m场，其中有4人演出的场次为k，于是有

$$6k+10(m-k)=45r,$$

$$10m-45r=4k. \quad ①$$

可見，r为偶数且$m\geq 9$.

若$m=9$，则$k=0$. 即9场中每场均有5人出场. 共出场45人次. 由抽屉原理之v 10人中必有1人至多出场4次. 设为A. 于是9场中至多有16个对中含A. 而含A的不同对共9个. 矛盾.

若$m=10$、$r=2$，则①式化为

$$4k=10,$$

矛盾.

若$m=11$，则①式化为

$$20=4k. \quad k=5$$

即11场中有5场各4人出场而另6场各有5人出场.

在(3')的例子中去掉11，即得本题所要的例子：

$\{1.2.3.5.8\}\{2.3.4.6.9\}\{3.4.5.7.10\}\{4.5.6.8\}$

$\{5.6.7.9.1\}\{6.7.8.10.2\}\{7.8.9.3\}\{8.9.10.1.4\}$

$\{9.10.2.5\}\{10.1.3.6\}\{1.2.4.7\}$

11场中恰有5个4人场. 另6个是5人场. 每两人恰好同时出场2次.

注 (4)中8人的例子还可由$\{1.2.\cdots.7\}$的字典5轮换法添"8"再取"补集"而来：

(2007.12.24)

$\{1.2.4.8\}\{2.3.5.8\}\{3.4.6.8\}\{4.5.7.8\}\{5.6.1.8\}\{6.7.2.8\}\{7.1.3.8\}$

$\{3.5.6.7\}\{1.4.6.7\}\{1.2.5.7\}\{1.2.3.6\}\{2.3.4.7\}\{1.3.4.5\}\{2.4.5.6\}$;

$\{1.2.3.8\}\{1.4.5.8\}\{1.6.7.8\}\{2.4.6.8\}\{2.5.7.8\}\{3.4.7.8\}\{3.5.6.8\}$

$\{4.5.6.7\}\{2.3.6.7\}\{2.3.4.5\}\{1.3.5.7\}\{1.3.4.6\}\{1.2.5.6\}\{1.2.4.7\}$.

4 (1) 设 $S=\{1,2,\cdots,10\}$，$A_1,A_2,\cdots,A_k$ 都是 S 的子集，满足条件：

(i) $|A_i|=5$，$i=1,2,\cdots,k$；

(ii) $|A_i\cap A_j|\le 2$，$1\le i<j\le k$。

求 k 的最大值。（1994年中国集训队测验题）

解1 考察 S 的二元子集，显然，S 共有45个不同的二元子集，而每个 $A_i\subset S$ 都含有 S 的10个二元子集，由(ii)知任何两个 A_i 和 A_j，至多有一个公共的二元子集，故有

$$10k-C_k^2\le 45$$

$$10k-\frac{1}{2}k(k-1)\le 45,\quad k^2-21k+90\ge 0.$$

解得 $k\le 6$ 和 $k\ge 15$

若 $k\ge 15$，则 $10k\ge 150$，于是存在 S 的一个二元子集属于 k 个五元子集中的至少4个，不妨设 $(a,b)\in A_{i_j}$，$j=1,2,3,4$，于是 A_{i_1}，A_{i_2}，A_{i_3}，A_{i_4} 中除 a，b 之外还各有3个元素，共12个，由抽屉原理又知有 $c\in S$，至少属于这4个集合中的两个，于是这两个集合至少有3个公共元素，此与(ii)矛盾，故得 $k\le 6$。

另一方面，由字典排列法可以写出 S 的6个五元子集满足要求：

$\{1,2,3,4,5\}\{1,2,6,7,8\}\{1,3,6,9,10\}$

$\{2,4,7,9,10\}\{3,5,7,8,9\}\{4,5,6,8,10\}$。

综上可知，k 的最大值为6。

解2 考察两个五元子集中公共元素的个数．k个五元子集共可构成C_k^2个五元子集对．由(ii)知每对中至多2个公共元素．设i $(1\le i\le 10)$共属于k个五元子集中的k_i个子集，于是$\sum_{i=1}^{10}k_i=5k$．含有相同元素的子集对的个数

$$2C_k^2\ge\sum_{i=1}^{10}C_{k_i}^2,\quad k^2-k\ge\frac{1}{2}\sum_{i=1}^{10}(k_i^2-k_i)$$

$$2k^2-2k\ge\sum_{i=1}^{10}k_i^2-5k$$

$$2k^2+3k\ge\sum_{i=1}^{10}k_i^2\ge\frac{1}{10}\left(\sum k_i\right)^2=\frac{25}{10}k^2$$

$$20k^2+30k\ge 25k^2,\quad 30k\ge 5k^2,\quad k\le 6.$$

另一方面，由$\{1,2,\cdots,11\}$的每两个五元子集恰有两个公共元素的轮换排列法

$\{1,2,3,5,8\}\{2,3,4,6,9\}\{3,4,5,7,10\}\{4,5,6,8,11\}$

$\{5,6,7,9,1\}\{6,7,8,10,2\}\{7,8,9,11,3\}\{8,9,10,1,4\}$

$\{9,10,11,2,5\}\{10,11,1,3,6\}\{11,1,2,4,7\}$

中去掉含11的5个，即得6个集合满足要求：

$\{1,2,3,5,8\}\{2,3,4,6,9\}\{3,4,5,7,10\}$

$\{5,6,7,9,1\}\{6,7,8,10,2\}\{8,9,10,1,4\}$．

综上可知，k的最大值为6．

解3 由上面两个解法中的字典排列法或轮换排列法的例子可知，$k=6$时存在满足题中要求的例子．所以k的最大值不小于6．

若$k\ge 7$．则k个五元子集的元素个数$5k\ge 35$．由抽屉原理知

存在 $a\in S$ 至少属于 k 个五元子集中的 4 个集合．不妨设 $a\in A_i$，$i=1,2,3,4$．这 4 个子集中除 a 之外还有 16 个元素（包括重复），这 16 个元素中至多有 9 个不同．将一个数同时属于 A_1、A_2、A_3、A_4 中的两个集合称为一个同数对．于是上述 16 个元素中至少构成 7 个同数对．这 7 个同数对每个都属于 $\{A_1,A_2\}$、$\{A_1,A_3\}$、$\{A_1,A_4\}$、$\{A_2,A_3\}$、$\{A_2,A_4\}$、$\{A_3,A_4\}$ 之一，由抽屉原理又知必有两个同数对属于同一个集合对．这样一来，这两个集合至少有 3 个公共元素，此与 (ii) 矛盾．

综上可知，k 的最大值为 6．

注　先用轮换排列法写出 2 个奇数与 3 个偶数的排列

分组构造法

$\{1,3\}$	$\{2,4,6\}$
$\{3,5\}$	$\{6,8,10\}$
$\{5,7\}$	$\{10,2,4\}$
$\{7,9\}$	$\{4,6,8\}$
$\{9,1\}$	$\{8,10,2\}$

前者相邻两集有 1 个公共元素，不相邻两集无公共元素（首尾两集也算相邻），后者相邻两集有 1 个公共元素，不相邻两集有两个公共元素．对应合在一起恰有两个公共元素：

$\{1,3,2,4,6\}$ $\{3,5,6,8,10\}$ $\{5,7,10,2,4\}$

$\{7,9,4,6,8\}$ $\{9,1,8,10,2\}$．

$\{1,2,3,4,6\}$ $\{3,5,6,8,10\}$ $\{2,4,5,7,10\}$

$\{4,6,7,8,9\}$ $\{1,2,8,9,10\}$．

注意，上述5个五元子集中都恰有两个奇数，故还可以再加上一个由五个奇数组成的集合 $\{1,3,5,7,9\}$，于是也得到6个五元子集满足题中要求：

$\{1,2,3,4,6\}$ $\{3,5,6,8,10\}$ $\{2,4,5,7,10\}$

$\{4,6,7,8,9\}$ $\{1,2,8,9,10\}$ $\{1,3,5,7,9\}$.

(2) 设 $S=\{1,2,3,4,5,6,7,8\}$，$A_1,A_2,\cdots,A_k$ 都是 S 的子集，满足条件：

(i) $|A_i|=4$，$i=1,2,\cdots,k$；

(ii) $|A_i\cap A_j|\leq 2$，$1\leq i<j\leq k$.

求 k 的最大值。

解 3-(1)中的例子表明 $k\geq 14$。另一方面，S 中共有 $C_8^3=56$ 个三元子集，而每个4元子集 A_i 中恰含4个三元子集。由(ii)知 $A_1,\cdots,A_k$ 中所含的 $4k$ 个三元子集互不相同，所以 $4k\leq 56$，$k\leq 14$。

所以 k 的最大值为14.

(3) 将(2)中 S 换为 $S=\{1,2,\cdots,9\}$，求解同样的问题。

$\{1,2,4,5\}$ $\{1,2,6,7\}$ $\{1,2,8,9\}$ $\{1,3,4,6\}$ $\{1,3,5,8\}$

$\{1,3,7,9\}$ $\{1,4,7,8\}$ $\{1,5,6,9\}$ $\{2,3,4,7\}$ $\{2,3,5,9\}$

$\{2,3,6,8\}$ $\{2,5,7,8\}$ $\{2,4,6,9\}$ $\{3,4,8,9\}$ $\{3,5,6,7\}$

$\{4,5,6,8\}$ $\{4,5,7,9\}$ $\{6,7,8,9\}$.　$k\geq 18$.

计算二元子集，$C_9^2=36$。每个数对至多属于3个 A_i，每个 A_i 恰含6个数对，所以 $6k\leq 3\times 36=108$，$k\leq 18$。所以 k 的最大值为18.

7 设 $A=\{1,2,3,4,5,6\}$，$B=\{7,8,\cdots,n\}$．在A中取3个数，B中取两个数组成5元集合 A_i，$i=1,2,\cdots,20$，使得

$$|A_i\cap A_j|\le 2,\quad 1\le i<j\le 20.$$

求n的最小值。　　（2002年中国集训队选拔考试4题）

解　因为 $|A|=6$，共有20个不同的3元子集，所以题中所给的20个5元集合的前3个元素的集合 $|A_i\cap A|$ $(i=1,2,\cdots,20)$ 恰为A的20个不同的3元子集．考察其中含1的10个3元子集．

$$\{1,a_i,a_i'\},\quad i=1,2,\cdots,10$$

及由它们构成的10个5元集．

若存在 $b\in B$，使得b至少属于这10个5元集中的3个：

$$\{1,a_i,a_i',b,x\}\ \{1,a_j,a_j',b,x\}\ \{1,a_k,a_k',b,x\},$$

则这3个集合已有两个元素1和b相同，余下的元素不能再有相同的．所以 $a_i,a_i',a_j,a_j',a_k,a_k'$ 互不相同．但它们都只能取2，3，4，5，6这5个不同值，矛盾．这表明B中每个元素至多属于这10个五元集合中的两个．但这10个集合中共含B中的20个元素．所以B中至少有10个元素．

设 $B=\{7,8,\cdots,16\}$，$|B|=10$．下面用较弱的轮换排列法来构造例子：

首先用字典排列法写出A的4个三元子集，使得其中每两个恰有1个公共元素：

$$\{1,2,3\}\ \{1,4,5\}\ \{2,4,6\}\ \{3,5,6\}.$$

易知，这4个集合可以首先加1个公共元素，再加4个互不相同的元素即得

{1.2.3;7.8} {1.4.5;7.9} {2.4.6;7.10} {3.5.6;7.11}

显然，这里用到了4个"7"。按照均匀的原则，我们没法使B中每个元素都出现4次，当然每次都先要选好A的4个3元子集两两之间恰有1个公共元素。考察"8"的情形：

{1.2.3;7.8} {1.4.6} {2.5.6} {3.4.5}

后3个集合都加"8"，然后适当地分别加9.10.11：

{1.2.3;7.8} {1.4.6;8.11} {2.5.6;8.9} {3.4.5;8.10}.

再看"9"的情形，已有两个含9集合：

{1.4.5;7.9} {2.5.6;8.9} {1.3.6} {2.3.4}

因前面已有{2.4.10}、{3.4.10}，所以{2.3.4}后不能加"10"，于是有

{1.4.5;7.9} {2.5.6;8.9} {1.3.6;9.10} {2.3.4;9.11}.

关于"11"只能是

{3.5.6;7.11} {1.4.6;8.11} {2.3.4;9.11} {1.2.5;10.11}.

这样，我们得到了10个五元集合，而另外的10个五元子集则易简单得到。每个的前3个元素是前10个的补集，后两个元素则为前10个集合中的后两数分别加"5"，于是满足要求的20个五元集为

$A_1=\{1.2.3;7.8\}$	$A_{11}=\{4.5.6;12.13\}$
$A_2=\{1.4.5;7.9\}$	$A_{12}=\{2.3.6;12.14\}$
$A_3=\{2.4.6;7.10\}$	$A_{13}=\{1.3.5;12.15\}$
$A_4=\{3.5.6;7.11\}$	$A_{14}=\{1.2.4;12.16\}$
$A_5=\{1.4.6;8.11\}$	$A_{15}=\{2.3.5;13.16\}$

$A_6=\{2,5,6;8,9\}$　　$A_{16}=\{1,3,4;13,14\}$

$A_7=\{3,4,5;8,10\}$　　$A_{17}=\{1,2,6;13,15\}$

$A_8=\{1,3,6;9,10\}$　　$A_{18}=\{2,4,5;14,15\}$

$A_9=\{2,3,4;9,11\}$　　$A_{19}=\{1,5,6;14,16\}$

$A_{10}=\{1,2,5;10,11\}$　　$A_{20}=\{3,4,6;15,16\}$.

这样一来，前10个五元集两两之交不超过2，后10个亦然，而当前后两组各1个时，B中两数互不相同，公共元素也不多于2.

综上可知，所求n的最小值为16.

5 给定11个集合$M_1, M_2, \cdots, M_{11}$满足条件：

(i) $|M_i|=5$，$i=1,2,\cdots,11$；

(ii) $M_i \cap M_j \neq \varnothing$，$1 \leq i < j \leq 11$.

求这些集合中交集非空的最大集合数的最小可能值.

（1994年罗马尼亚）（1996年中国集训队测验题）

解1 设$M_1=\{1,2,3,4,5\}$. 由条件(ii)知，$M_2, M_3, \cdots, M_{11}$这10个集合中，每个集合都至少含有1，2，3，4，5之一. 这又意味着1，2，3，4，5这5个元素在后10个集合中至少要共出现10次. 由抽屉原理知下列两种情形之一成立：

(a) 1，2，3，4，5这5个数每个数都在$M_1, M_2, \cdots, M_{11}$中恰出现3次；

(b) 这5个数中有1个数在11个集合中至少出现4次.

对于集合M_1是这样，对于每个M_i也都是有这两种可能. 如果对于每个集合都是第1种情形，则每个元素都恰属于11个集合中的3个，即共出现3次. 于是11个集合中的元素总数应为3的倍数. 但由(i)知11个集合的元素总数是55，不是3的倍数. 矛盾. 这表明总有一个M_i属于后一种情形. 即其中有一个元素在11个集合中至少出现4次. 这意味着所求的最小最大值至少为4.

另一方面，从第1题之(3)中给出的字典排列的21个五元子集中去掉10个，确保1，2，…，21这21个数每个至少减少1次，即可得到11个五元子集为

{1.2.3.4.5}{1.6.7.8.9}{1.10.11.12.13}{1.14.15.16.17}
{2.6.10.14.18}{2.7.11.15.19}{3.8.13.14.19}{3.9.12.15.18}
{4.6.12.17.19}{4.7.13.16.18}{5.8.11.17.18}.

易知，上列11个五元子集中，每两个集合恰有一个公共元素．其中1和18各4次，5.9.10和16各两个，2.3.4.6.7.8，11.12.13.14.15.17和19各3次．

综上可知，所求的最小最大值为4．

解2　11个集合共有55个元素．若其中不同元素的个数不超过18个，则由抽屉原理知有一个元素至少属于11个集合中的4个．若其中至少有19个不同元素，由抽屉原理又知必有一个元素至多属于两个不同集合．不妨设元素1至多属于两个集合，且其中之一为{1.2.3.4.5}．于是另外9个集合都不含1．由(ii)知每个都至少含2.3.4.5之一．再由抽屉原理又知这9个集合中必有至少3个集合含有2.3.4.5中的同一个元素．加上第1个集合．总有4个集合交集非空．故所求的最小可能值不小于4．

另一方面，由第1题之(2)给出的轮换排列所给出的13个集合中去掉后两个并加以修改：
{1.2.5.7}{2.3.6.8}{3.4.7.9}{4.5.8.10}{5.6.9.11}
{6.7.10.12}{7.8.11.13}{8.9.12.1}{9.10.13.2}{10.11.1.3}
{11.12.2.4}{12.13.3.5}{13.1.4.6}

将后两个集合中的8个元素分别补到前8个集合之后成五元子集，再于后3个集合之后补上14即有

{1.2、5.7.13}{2.3.6.8.13}{3.4.7.9.12}{4.5.8.10.1}
{5.6.9.11.4}{6.7.10.12.3}{7.8.11.13.6}{8.9.12.1.5}
{9.10.13.2.14}{10.11.1.3.14}{11.12.2.4.14}.

因为原来的11个四元子集两两之间恰有1个公共元素，所以现在的11个五元集合满足条件(ii).

上面给出的例子是每个元素至多属于4个集合的所有例子中，含不同元素的个数最少的例子，不同元素个数为14．显然，13个不同元素即使每个都出现4次，也只有52个．当然，这样的例子不是唯一的．例如还有轮换排列法可以写出

{1.2.5.7}　　　　　　{1.2.5.7.12}
{2.3.6.8}　　　　　　{2.3.6.8.12}
{3.4.7.9}　　　　　　{3.4.7.9.12}
{4.5.8.10}　　　　　{4.5.8.10.12}
{5.6.9.11}　⟶　　{5.6.9.11.13}
{6.7.10.1}　　　　　{6.7.10.1.13}
{7.8.11.2}　　　　　{7.8.11.2.13}
{8.9.1.3}　　　　　　{8.9.1.3.13}
{9.10.2.4}　　　　　{9.10.2.4.14}
{10.11.3.5}　　　　{10.11.3.5.14}
{11.1.4.6}　　　　　{11.1.4.6.14}.

还可借助图形法来给出一个满足题中要求且每个元素至多出现4次的例子：

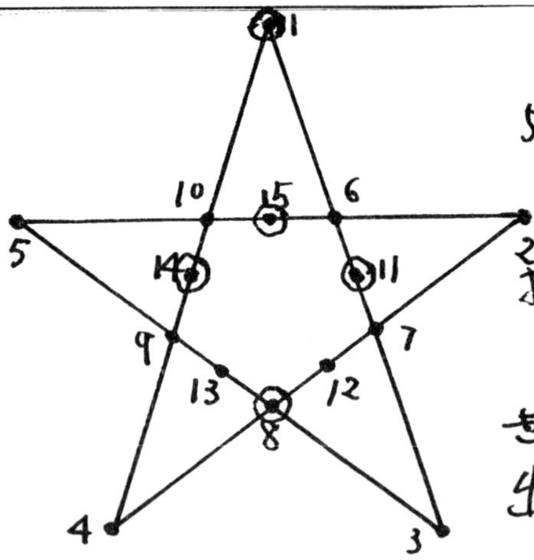

①每条线上5点一个集合，共5个；

②画圈的5点为一个集合，轮换共得5个；

③{1.2.3.4.5}为一个集合。

共11个，每两个之交非空，具体写出如下：

{1,6,11,7,3}{2,7,12,8,4}{3,8,13,9,5}

{4,9,14,10,1}{5,10,15,6,2}

{1,8,11,15,14}{2,9,12,11,15}{3,10,13,12,11}

{4,6,14,13,12}{5,7,15,14,13}

{1,2,3,4,5}(或改为{6,7,8,9,10})。

显然，这也是一种轮换排列法。

6. 设$M=\{1,2,\cdots,10\}$，$A_1,A_2,\cdots,A_k$都是M的子集且满足条件

(i) $|A_i|=5$，$i=1,2,\cdots,k$；

(ii) M中任意二元素对至多在两个子集A_i、A_j中出现，$i\neq j$.

求k的最大值。（2003年中国集训队训练题）

解 注意，对每个$i\in M$，包含它的元素对共9个：

(i,m)，$m\in M$，$m\neq i$.

每对至多属于两个A_j，故所有A_j中至多有18个含i的元素对。

另一方面，若$i\in A_j$，则因A_j是五元子集，故含4个含i的元素对。设i属于d_i个A_j，于是有

$$4d_i\leq 18,\quad d_i\leq 4,\quad i=1,2,\cdots,10.$$

即每个$i\in M$至多在4个五元子集中出现。从而有

$$5k=|A_1|+|A_2|+\cdots+|A_k|$$
$$=d_1+d_2+\cdots+d_{10}\leq 40.\quad k\leq 8.$$

下面构造$k=8$的例子：

$\{1,2,3,4,5\}$ $\{2,4,6,8,10\}$

$\{1,2,3,6,7\}$ $\{2,5,7,8,10\}$

$\{1,4,5,8,9\}$ $\{3,4,6,9,10\}$

$\{1,6,7,8,9\}$ $\{3,5,7,9,10\}$

（均匀排列法）

综上可知，k的最大值为8.

注 若将(i,j)至多属于两个A_k改为至多属于3个A_k，则用同样的推证可以推得$d_i\leq 6$，$i=1,2,\cdots,10$. 这时k的最大值为12.

需要的例子可为

$\{1,2,3,4,5\}$ $\{2,4,6,8,10\}$

$\{1,6,7,8,9\}$ $\{2,4,7,9,10\}$

$\{1,2,3,6,7\}$ $\{2,5,6,9,10\}$

$\{1,2,3,8,9\}$ $\{3,4,7,8,10\}$

$\{1,4,5,6,7\}$ $\{3,5,6,8,10\}$

$\{1,4,5,8,9\}$ $\{3,5,7,9,10\}$.

本题的结论及后面的注解表明，每个元素对$\{i,j\}$至多属于n个子集时，子集个数k的最大值为$k=4n$，当$n=2$和3时成立。但当$n\geq 4$时，结论都成立，都是最大值为$k=4n$。

6-(2) 设$M=\{1,2,\cdots,9\}$，$A_1,A_2,\cdots,A_k$都是M的子集且满足条件：

(i) $|A_i|=5$，$i=1,2,\cdots,k$；

(ii) M中的任意元素对(i,j)至多在两个子集A_s，A_t（$i\neq j$）中出现。

求k的最大值。

解 注意，对每个$i\in M$，包含i的不同元素对共有8个，每对至多属于两个A_j，故所有A_j中至多包含16个含i元素对。此外，若$i\in A_j$，则因A_j中共5个元素，除i以外还有4个元素，故含有4个不同的含i元素对。设i属于d_i个A_j，于是

$$4d_i\leq 16,\quad d_i\leq 4,\quad i=1,2,\cdots,9,$$

即每个 $i\in M$ 至多在 $A_1,A_2,\cdots,A_k$ 中的4个集合中出现，所以

$$5k=d_1+d_2+\cdots+d_9\leqslant 36,\quad k\leqslant 7.$$

设所求的 k 的最大值为7，于是有 $A_1,A_2,\cdots,A_7$ 满足题中要求。这时 $d_1+d_2+\cdots+d_7=35$，即 M 中的9个元素中，有8个在 $A_1,A_2,\cdots,A_7$ 中各出现4次，另一个出现3次。不妨设1出现4次，9出现3次且有 $1\in A_j$，$j=1,2,3,4$。由于每个含1元素对至多在 $A_1,A_2,\cdots,A_7$ 中出现两次，故 A_1,A_2,A_3,A_4 中除1之外的16个元素中，恰好是2，3，4，5，…，9各两个，亦即是两个2，两个3，…，两个9各属于 A_1,A_2,A_3,A_4 中的两个。去掉9，则2，3，4，5，6，7，8各两个数都属于 A_1,A_2,A_3,A_4 中的一对。但这4个子集共可构成6个不同的子集对，由抽屉原理知，存在 $2\leqslant i<j\leqslant 8$ 和 $1\leqslant l<m\leqslant 4$，使得 $\{i,j\}\subset A_l\cap A_m$。由于 i 和 j 都在 $A_1,A_2,\cdots,A_7$ 中出现4次，在 A_1,A_2,A_3,A_4 中出现两次，故知 i 和 j 都在 A_5,A_6,A_7 中出现两次，从而 $\{i,j\}$ 必要在 A_5,A_6,A_7 之一中出现，这导致元素对在 $A_1,A_2,\cdots,A_7$ 中共出现3次，矛盾。所以 k 的最大值不大于6。

下面举例说明，$k=6$是可以实现的．在下列6个五元子集中：

$\{1,2,4,5,6\}$，$\{1,2,7,8,9\}$，

$\{1,3,4,8,9\}$，$\{1,3,5,6,7\}$，

$\{2,3,4,6,8\}$，$\{2,3,5,7,9\}$，

每个元素对至多出现两次，满足题中要求．

综上可知，所求的五元子集的个数k的最大值为6．

本例的构造思路如下：当$k=6$时，M中的9个元素中有3个各出现4次，另6个各出现3次．设1，2，3各出现4次，4，5，6，7，8，9各出现3次．这样一来，1，2，3共出现12次，恰好写在6个集合的前两个位置，两个$\{1,2\}$，两个$\{1,3\}$，两个$\{2,3\}$，后面恰是4，5，6，7，8，9各1个，适当排列就可以了．

6－(3) 设$M=\{1,2,3,4,5,6,7,8\}$，$A_1,A_2,\cdots,A_k$都是M的子集且满足条件：

(i) $|A_i|=5$，$i=1,2,\cdots,k$；

(ii) M中的任意元素对$\{i,j\}$至多在两个子集A_h,A_l $(1\le h<l\le k)$中出现．

求k的最大值．

解 对每个$i\in M$，包含i的不同元素对共有7个，每个元素对都至多属于$A_1,A_2,\cdots,A_k$中的两个，所以$A_1,A_2,\cdots,A_k$中至多含有14个含i元素对．另一方面，若$i\in A_j$，$1\le j\le k$，则因A_j中除i之外还有4个元素，故共构成4个含i元素对．设i共属于d_i

个五元子集A_j，于是有

$$4d_i\le 14,\ d_i\le 3,\ i=1,2,\cdots,8,$$

这表明每个$i\in M$至多出现3次，所以有

$$5k=d_1+d_2+\cdots+d_8\le 24,\ k\le 4.$$

下面举例说明，$k=4$是可以实现的.其实，这样的例子不只一个，例如

(a) $\{1,2,3,4,5\}$，$\{1,2,6,7,8\}$，

$\{1,3,4,6,7\}$，$\{2,3,5,6,8\}$；

(b) $\{1,2,3,5,6\}$，$\{2,3,4,5,6\}$，

$\{3,4,1,7,8\}$，$\{4,1,2,7,8\}$；

(c) $\{1,2,3,5,6\}$，$\{2,3,4,6,7\}$，

$\{3,4,1,7,8\}$，$\{4,1,2,8,5\}$.

后两个例子也可认为是轮换排列法.

综上可知，所求的五元子集个数k的最大值为4.

6－(4) 设$M=\{1,2,\cdots,11\}$，$A_1,A_2,\cdots,A_k$都是M的子集，且满足条件：

(i) $|A_i|=5$，$i=1,2,\cdots,k$；

(ii) M中的任意元素对$\{i,j\}$至多在两个子集A_k，A_l（$1\le k<l\le k$）中出现.

求k的最大值.

解 对每个$i\in M$，包含i的不同元素对共有10个，每个元素对至多

出现两次，故在$A_1,A_2,\cdots,A_k$中至多有20个含元素对，设$i\in M$共属于d_i个A_j，于是有

$$4d_i\le 20,\quad d_i\le 5,\quad i=1,2,\cdots,11.$$

$$5k=d_1+d_2+\cdots+d_{11}\le 55,\quad k\le 11.$$

按轮换排列法可以写出下列11个五元子集：

$\{1,2,3,5,8\}\{2,3,4,6,9\}\{3,4,5,7,10\}\{4,5,6,8,11\}$,

$\{5,6,7,9,1\}\{6,7,8,10,2\}\{7,8,9,11,3\}\{8,9,10,1,4\}$,

$\{9,10,11,2,5\}\{10,11,1,3,6\}\{11,1,2,4,7\}$,

容易验证，每个元素对恰好出现两次.

综上可知，所求的k的最大值为11.

6-(5) 设$M=\{1,2,\cdots,12\}$，$A_1,A_2,\cdots,A_k$都是M的子集，且满足条件

(i) $|A_i|=5$，$i=1,2,\cdots,k$；

(ii) M中的任意元素对$\{i,j\}$至多在两个子集A_l,A_h $(1\le l<h\le k)$中出现.

求k的最大值.

解 类似于上题的解法，我们有

$$4d_i\le 22,\quad d_i\le 5,\quad i=1,2,\cdots,12.$$

$$5k=d_1+d_2+\cdots+d_{12}\le 60,\quad k\le 12.$$

按轮换排列法可以写出下列12个五元子集：

$\{1,2,3,5,8\}\{2,3,4,6,9\}\{3,4,5,7,10\}\{4,5,6,8,11\}$

$\{5,6,7,9,12\}\{6,7,8,10,1\}\{7,8,9,11,2\}\{8,9,10,12,3\}$

$\{9,10,11,1,4\}\{10,11,12,2,5\}\{11,12,1,3,6\}\{12,1,2,4,7\}$.

易见，M的每个元素对在这12个子集中都至多出现2次.

综上可知，所求的k的最大值为12.

6－(6) 设$M=\{1,2,\cdots,9\}$，$A_1,A_2,\cdots,A_k$都是M的六元子集，且满足条件：M中的任意元素对$\{i,j\}$至多属于$A_1,A_2,\cdots,A_k$中的两个集合，求k的最大值.

解　对于每个$i\in M$，包含i的不同元素对共有8个，每对至多属于两个A_j，所以，六元子集$A_1,A_2,\cdots,A_k$中至多含有16个含i元素对. 另一方面，若$i\in A_j$，则A_j中共含有5个含i元素对. 设i共属于d_i个六元子集，于是有

$$5d_i\leqslant 16,\quad d_i\leqslant 3,\quad i=1,2,\cdots,9,$$

这表明每个$i\in M$都至多在$A_1,A_2,\cdots,A_k$中的3个中出现. 于是

$$6k=d_1+d_2+\cdots+d_9\leqslant 27,\quad k\leqslant 4.$$

设k的最大值为4，即有A_1,A_2,A_3,A_4满足题中要求. 这时，4个六元子集中共有24个元素(包括重复)，而不同的元素至多9个. 由题意知，4个六元子集中不可能含有同一个元素，所以可设M的9个元素中有6个各出现3次，另3个各出现两次. 由对称性知，不妨设1，2，3，4，5，6各出现3次.

考察含有1的3个六元子集，不妨设为A_1,A_2,A_3. 这3集中除1之外还有15个元素(包括重复). 由于M的每个含1元素对至多出现两次，

故这15个元素中一定是2，3，4，5，6各2个，7，8，9共出现5次．$\{A_1,A_2\}$，$\{A_2,A_3\}$，$\{A_3,A_1\}$共3个子集对，两个2，两个3，两个4，两个5，两个6，每个同数对各属于3个子集对之一．由抽屉原理知其中必有两个同数对属于同一个子集对．不妨设$\{2,3\}\subset A_1\cap A_2$，这样一来，就有

$$\{2,3\}\subset A_1,\ \{2,3\}\subset A_2,\ \{2,3\}\subset A_4,$$

矛盾．所以k的最大值不大于3．

易见，下列两组各3个六元子集

(a) $\{1,2,3,4,5,6\}\{4,5,6,7,8,9\}\{7,8,9,1,2,3\}$；

(b) $\{1,2,4,5,7,8\}\{2,3,5,6,8,9\}\{3,4,6,7,9,1\}$，

都满足题中要求．这两个例子都可认为是轮换排列法，而且细心看来，二者是同一轮换排列法的不同表现形式．

综上可知，所求的k的最大值为3．

6－(7) 设$M=\{1,2,\cdots,9\}$，$A_1,A_2,\cdots,A_k$都是M的子集，且满足条件

(i) $|A_i|=6$，$i=1,2,\cdots,k$；

(ii) M中的任意元素对$\{i,j\}$至多属于$A_1,A_2,\cdots,A_k$中的3个集合．

求k的最大值．

解 与上题类似地有

$$5d_i\leqslant 24,\quad d_i\leqslant 4,\ i=1,2,\cdots,9.$$

$$6k=d_1+d_2+\cdots+d_9\leqslant 36,\quad k\leqslant 6.$$

下列6个六元集合：

将上题中的两个例子并起来即得如下6个六元子集：

$\{1,2,3,4,5,6\}\{4,5,6,7,8,9\}\{7,8,9,1,2,3\}$

$\{1,4,7,2,5,8\}\{2,5,8,3,6,9\}\{3,6,9,1,4,7\}$

满足题中要求。（均匀排列法）

综上可知，所求的k的最大值为6。

6-(8) 设$M=\{1,2,\cdots,10\}$，$A_1,A_2,\cdots,A_k$都是M的六元子集，M中的任意元素对$\{i,j\}$都至多属于$A_1,A_2,\cdots,A_k$中的两个，求k的最大值。

解 与6-(6)题类似地有

$$5d_i\leq 18,\ d_i\leq 3,\ i=1,2,\cdots,10.$$

$$6k=d_1+d_2+\cdots+d_{10}\leq 30,\ k\leq 5.$$

若k的最大值为5，则有M的5个六元子集满足题中的要求。这时，5个子集中共有30个元素，因为$d_i\leq 3$，$i=1,2,\cdots,10$，所以必有

$$d_i=3,\ i=1,2,\cdots,10.$$

设含有1的3个六元子集为A_1,A_2,A_3。这3个集中除1之外还有15个元素（包括重复）。由于每个元素对在A_1,A_2,A_3中至多出现两次，故2,3,…,10每个元素在A_1,A_2,A_3中都至多出现两次。又因在A_4和A_5中2,3,…,10每个数都至多出现两次，所以每个数在A_1,A_2,A_3中至少出现1次，从而2,3,…,10这9个数中恰有6个各出现两次，另3个各出现1次。易知，出现1次的这3个数都要在A_4和A_5中各出现两次。因此，这3个数中不可能有两个同在A_1,A_2,A_3之一中，而

应分别在3个集中各1个．于是可以构造5个六元子集如下：

$\{1,2,3,4,5,8\}$ $\{1,2,3,6,7,9\}$ $\{1,4,5,6,7,10\}$

$\{2,4,6,8,9,10\}$ $\{3,5,7,8,9,10\}$．（均匀排列好）

容易验证，这5个六元子集满足题中要求．

综上可知，k的最大值为5．

6-(9) 设$M=\{1,2,\cdots,11\}$，$A_1,A_2,\cdots,A_k$都是M的子集且满足条件：

(i) $|A_i|=6$，$i=1,2,\cdots,k$；

(ii) 对于M的任意元素对$\{i,j\}$至多属于$A_1,A_2,\cdots,A_k$中的两个集．

求k的最大值．

解 类似地有

$$5d_i\leqslant 20,\ d_i\leqslant 4,\ i=1,2,\cdots,11.$$

$$6k=d_1+d_2+\cdots+d_{11}\leqslant 44,\ k\leqslant 7.$$

若k的最大值为7，则有M的7个六元子集$A_1,A_2,\cdots,A_7$满足题中要求．这时，7个六元子集中共有42个元素，所以$d_1,d_2,\cdots,d_{11}$中至少有9个为4．不妨设$d_1,\cdots,d_9$均为4．

由于每个元素对至多出现两次，所以含1的4个子集中，除1以外的另20个元素中恰为2，3，…，11各两个．又因2，3，…，9中每个数都在7个子集中出现4次，于是这8个数在A_1,A_2,A_3,A_4和A_5,A_6,A_7中各出现两次．前4个集合共可构成6个子集对，而同数对有8个，由抽屉原理知必有两个同数对属于同一个子集对，即有$\{i,j\}\subset A_l\cap A_m$，$2\leq i<j\leq 9$，$1\leq l<m\leq 4$。又因后3个六元子集中含有$i$，$j$的两个，于是$\{i,j\}$必含在$A_5$，$A_6$，$A_7$之一中。这表明元素对$\{i,j\}$出现了3次，矛盾。所以$k$的最大值不大于6。

若k的最大值为6，则6个六元子集共有36个元素，于是至少有3个元素各出现4次。不妨设为1，2，3。于是可构造6个六元子集如下：

$$\{1,2,4,5,6,7\}\{1,2,8,9,10,11\}\{1,3,4,5,10,11\}$$

$$\{1,3,6,7,8,9\}\{2,3,4,6,8,10\}\{2,3,5,7,9,11\}$$

综上可知，所求的k的最大值为6。

6－(10) 设$M=\{1,2,\cdots,12\}$，$A_1,A_2,\cdots,A_k$都是M的子集且满足要求：

(i) $|A_i|=6$，$i=1,2,\cdots,k$；

(ii) M中的任意元素对$\{i,j\}$至多属于$A_1,A_2,\cdots,A_k$中的两个。

求k的最大值。

解 类似地有

$$5d_i\leq 22,\quad d_i\leq 4,\quad i=1,2,\cdots,12.$$

$$6k=d_1+d_2+\cdots+d_{12}\leq 48,\quad k\leq 8.$$

下面参考6－(1)中的8个五元子集的构造法，来构造本题需要的8个六元子集：

$\{1,2,3,4,5,10\}$ $\{12,2,4,6,8,10\}$

$\{1,2,3,6,7,11\}$ $\{12,2,5,7,8,11\}$

$\{1,4,5,8,9,11\}$ $\{12,3,4,6,9,11\}$

$\{1,6,7,8,9,10\}$ $\{12,3,5,7,9,10\}$

容易看出，每个元素对都出现0次与2次，其中$\{1,12\}$，$\{2,9\}$，$\{3,8\}$，$\{4,7\}$，$\{5,6\}$，$\{10,11\}$均未出现。

综上可知，所求的k的最大值为8。

8 设 $S=\{1,2,\cdots,7\}$，$A_1,A_2,\cdots,A_k$ 都是 S 的子集且满足：

(i) $|A_i|=3$，$i=1,2,\cdots,k$；

(ii) $|A_i\cap A_j|\leq 1$，$1\leq i<j\leq k$.

求 k 的最大值.

解1 由(ii)知，对任意 $m\in S$，m 与 S 中的另外 6 个元素各组成一个含 m 的数对，共可组成 6 个含 m 的数对. 而在每个含 m 的三元子集 A_i 中，恰含两个含 m 的数对，故 m 至多属于 $A_1,A_2,\cdots,A_k$ 中的 3 个. 换句话说，m 至多在 $A_1,A_2,\cdots,A_k$ 中出现 3 次. S 中的 7 个元素至多共出现 21 次. 所以 $k\leq 7$.

另一方面，按字典排列法可以写出下列 7 个子集：

$\{1,2,3\}\{1,4,5\}\{1,6,7\}\{2,4,6\}\{2,5,7\}\{3,4,7\}\{3,5,6\}$.

易知，这 7 个子集满足题中要求(i)和(ii)

综上可知，k 的最大值为 7.

解2 注意，S 中共有 $C_7^2=21$ 个不同数对，由(ii)知每个数对至多属于 $A_1,A_2,\cdots,A_k$ 中之一，而每个 A_i 中的 3 个数恰可组成 3 个不同数对，所以 $k\leq 7$.

另一方面，按轮换排列法可以写出下列 7 个子集：

$\{1,2,4\}\{2,3,5\}\{3,4,6\}\{4,5,7\}\{5,6,1\}\{6,7,2\}\{7,1,3\}$.

易见，这 7 个子集满足题中要求(i)和(ii).

综上可知，k 的最大值为 7.

例3 下列7个子集

$\{1,2,5\}\{3,4,5\}\{1,3,6\}\{2,4,6\}\{1,4,7\}\{2,3,7\}\{5,6,7\}$

满足题中条件(i)和(ii). 所以，所求的子集组个数k的最大值不小于7.

另一方面，若$k\geq 8$，则有$A_1,A_2,\cdots,A_8$满足(i)和(ii). 每个A_i中有3个元素，8个子集中共24个元素. 由于$|S|=7$，故由抽屉原理知有$m\in S$，使m至少属于$A_1,A_2,\cdots,A_8$中的4个集合. 不妨设为前4个.

$A_1=\{m,\times,\times\}$，$A_2=\{m,\bigcirc,\bigcirc\}$，$A_3=\{m,\triangle,\triangle\}$，$A_4=\{m,\square,\square\}$.

由(ii)知，4个三元子集中除m之外的另8个元素互不相同，此不可能.

综上可知，k的最大值为7.

注 注意，3个解中给出的3个不同例子满足一个相同的条件，即都有$|A_i\cap A_j|=1$，这是比题中要求(ii)更强的条件.

(2) 设$S=\{1,2,\cdots,8\}$，$A_1,A_2,\cdots,A_k$都是S的子集且满足

(i) $|A_i|=3$，$i=1,2,\cdots,k$；

(ii) $|A_i\cap A_j|\leq 1$，$1\leq i<j\leq k$.

求k的最大值.

字典排列：

$\{1,2,3\}\{1,4,6\}\{1,5,7\}\{2,4,8\}$

$\{2,5,6\}\{3,4,7\}\{3,5,8\}\{6,7,8\}$

解 对每个$m\in S$，共有7个不同的含m元素对，而对每个$A_i\ni m$，A_i中恰含两个含m元素对. 故知每个m至多出现在$A_1,A_2,\cdots,A_k$中的3个集合之中. 从而$A_1,A_2,\cdots,A_k$中至多共有24个元素. 所以$k\leq 8$.

另一方面，由轮换排列法可以写出下列8个子集：

$\{1,2,4\}\{2,3,5\}\{3,4,6\}\{4,5,7\}\{5,6,8\}\{6,7,1\}\{7,8,2\}\{8,1,3\}$.

字典 $\{1,2,3\}\{1,4,6\}\{1,7,8\}\{2,4,7\}\{2,5,8\}\{3,4,5\}\{3,6,8\}\{5,6,7\}$

易见，这8个子集满足题中要求(i)和(ii)，所以，k的最大值为8。

(3) 将(2)中的S换为$S=\{1,2,\cdots,9\}$，其它条件不变，求解同样的问题。

解 对每个$m\in S$，恰有8个不同的含m元素对，故在$A_1,A_2,\cdots,A_k$中至多出现4次，于是S中的9个元素至多共出现36次，换个角度说，即$A_1,A_2,\cdots,A_k$中至多共有36个元素，所以$k\leqslant 12$。

另一方面，下列3组各12个子集：

$\{1,2,3\}\{1,4,5\}\{1,6,7\}\{1,8,9\}\{2,4,6\}\{2,5,8\}\{2,7,9\}$

$\{3,4,9\}\{3,5,7\}\{3,6,8\}\{4,7,8\}\{5,6,9\}$；

$\{1,2,4\}\{2,3,5\}\{3,4,6\}\{4,5,7\}\{5,6,8\}\{6,7,1\}\{7,8,2\}\{8,1,3\}$

$\{1,5,9\}\{2,6,9\}\{3,7,9\}\{4,8,9\}$；

$\{1,2,3\}\{4,5,6\}\{7,8,9\}\{1,4,7\}\{2,5,8\}\{3,6,9\}$

$\{1,5,9\}\{2,6,7\}\{3,4,8\}\{1,6,8\}\{2,4,9\}\{3,5,7\}$

都满足题中要求(i)和(ii)。

综上可知，k的最大值为12。

参看2002年女子数学奥林匹克第2题！

注 显然，把第2组的12个子集中的后4个去掉，就是(2)中所列的8个三元子集。若注意到去掉的4个三元子集恰为含9的子集，那么将另两组子集中含9的4个去掉，余下的8个子集也满足(2)中的要求：

$\{1,2,3\}\{1,4,5\}\{1,6,7\}\{2,4,6\}\{2,5,8\}\{3,5,7\}\{3,6,8\}\{4,7,8\}$；

$\{1,2,3\}\{4,5,6\}\{1,4,7\}\{2,5,8\}\{2,6,7\}\{3,4,8\}\{1,6,8\}\{3,5,7\}$。

(4) 设$S=\{1,2,\cdots,10\}$，其它条件不变，求解同样的问题。

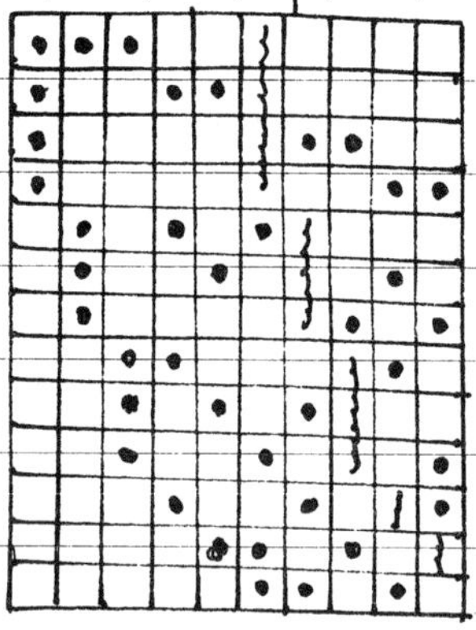

解 仿上易知，每个$m\in S$至多属于4个A_i，S中的10个元素在诸A_i中至多共出现40次，所以$k\leq 13$。

另一方面，每个$m\in S$至多出现4次，至少与另一个数不出现在同一个三元子集中，先约定1,2,3分别与6,7,8不相连，于是由字典排列法可以得到

$\{1,2,3\}\{1,4,5\}\{1,7,8\}\{1,9,10\}\{2,4,6\}\{2,5,9\}\{2,8,10\}$

$\{3,4,9\}\{3,5,7\}\{3,6,10\}\{4,7,10\}\{5,6,8\}\{6,7,9\}$。

容易验证，这13个子集满足题中要求。

综上可知，k的最大值为13。

(

(5) 设$S=\{1,2,\cdots,13\}$，其它条件不变，求解同样的问题。

解 对右图所示的两个三角形进行轮换排列，可得下列26个三元子集：

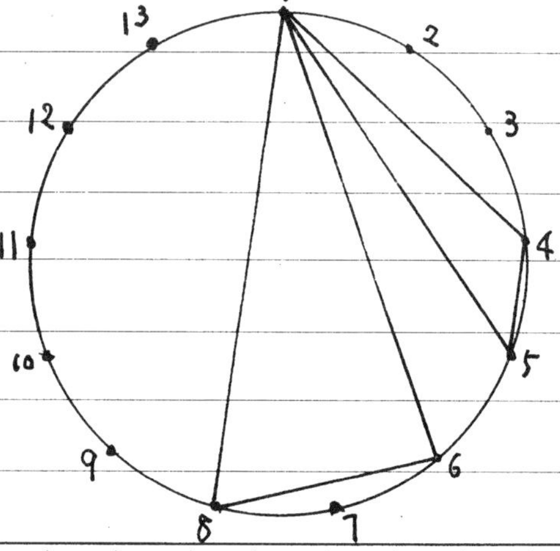

$\{1,4,5\}\{2,5,6\}\{3,6,7\}$

$\{4,7,8\}\{5,8,9\}\{6,9,10\}$

$\{7,10,11\}\{8,11,12\}\{9,12,13\}$

$\{10,13,1\}\{11,1,2\}\{12,2,3\}$

$\{13,3,4\}$；

{1,6,8}{2,7,9}{3,8,10}{4,9,11}{5,10,12}{6,11,13}{7,12,1}

{8,13,2}{9,1,3}{10,2,4}{11,3,5}{12,4,6}{13,5,7}.

容易验证，这26个子集满足题中要求，所以，k的最大值不小于26.

另一方面，由条件(i)和(ii)可知，每个$m\in S$至多属于6个A_i. 于是S中的13个元素至多在$A_1,A_2,\cdots,A_k$中共出现78次，所以$k\leqslant 26$.

综上可知，k的最大值为26.

(6) 设$S=\{1,2,\cdots,12\}$，其他条件不变，求解同样的问题.

解 由条件(i)和(ii)知，每个$m\in S$至多属于5个A_i，于是S中的12个元素在诸A_i中至多共出现60次，所以$k\leqslant 20$.

另一方面，在(5)中所给出的26个三元子集中，去掉含有13的6个，余下20个子集：

{1,4,5}{2,5,6}{3,6,7}{4,7,8}{5,8,9}

{6,9,10}{7,10,11}{8,11,12}{11,1,2}{12,2,3};

{1,6,8}{2,7,9}{3,8,10}{4,9,11}{5,10,12}

{7,12,1}{9,1,3}{10,2,4}{11,3,5}{12,4,6}.

这20个子集当然满足题中要求.

综上可知，k的最大值为20.

$|S|=10$ {1,2,4}{2,3,5}{3,4,6}{4,5,7}{5,6,8}{6,7,9}{7,8,1}{8,9,2}{9,1,3}{1,5,10}{2,6,10}{3,7,10}{4,8,10}

$|S|=11$，上述13个再添上4个：{1,6,11}{2,7,11}{3,8,11}{4,9,11}.

三 体育问题

在体育问题中，经常遇到各种各样的最值问题。需要各种正面与反面的例子，应用字典排列法与轮换排列法。

1. n名乒乓球运动员参加一次单打单循环比赛，赛后发现，对于其中任何两名运动员，都存在第3名运动员，他战胜过前两人。求运动员人数n的最小值。

解 任取两名运动员A和B，不妨设B胜A，记为B>A。于是存在C，使得C>A，C>B。对于A和C，又有D，使得D>C，D>A。因为C>B，所以C异于B；因为D>C，所以D异于C；又因D>C>B，所以D异于B。这样一来，A至少负3场。同理可知，每人都至少负3场，从而n个人至少共负3n场。因此n个人也至少共胜3n场。由抽屉原理知，其中至少有1人至少胜3场。于是他至少胜3场，至少负3场，加起来至少比赛6场。所以n≥7。

另一方面，用轮换排列法可以写出7个三元子集如下：

7{1,2,4}，1{2,3,5}，2{3,4,6}，3{4,5,7}

4{5,6,1}，5{6,7,2}，6{7,1,3}。

其中括号外面号码所代表的运动员，战胜了括号内的3人。易见，这7个三元子集中，每个之中3人恰构成3个"两人对"，共21个"两人对"，这21个"两人对"互不相同，恰为7人所能组成的所有"两人对"，因此满足题中要求。

综上可知，运动员人数n的最小值为7。

另一部分的例子还可改用字典排列法写出，这时的困难会更加很大．具体地有8种不同排法：

(1) 4{1,2,3}，6{1,4,5}，3{1,6,7}，7{2,4,6}，
1{2,5,7}，5{3,4,7}，2{3,5,6}；

(2) 4{1,2,3}，7{1,4,5}，2{1,6,7}，5{2,4,6}，
3{2,5,7}，6{3,4,7}，1{3,5,6}；

(3) 5{1,2,3}，6{1,4,5}，2{1,6,7}，3{2,4,6}，
4{2,5,7}，1{3,4,7}，7{3,5,6}；

(4) 5{1,2,3}，7{1,4,5}，3{1,6,7}，1{2,4,6}，
6{2,5,7}，2{3,4,7}，4{3,5,6}；

(5) 6{1,2,3}，2{1,4,5}，5{1,6,7}，7{2,4,6}，
3{2,5,7}，1{3,4,7}　4{3,5,6}；

(6) 6{1,2,3}，3{1,4,5}，4{1,6,7}，5{2,4,6}，
1{2,5,7}，2{3,4,7}，7{3,5,6}；

(7) 7{1,2,3}，2{1,4,5}，4{1,6,7}，3{2,4,6}，
6{2,5,7}，5{3,4,7}，1{3,5,6}；

(8) 7{1,2,3}，3{1,4,5}，5{1,6,7}，1{2,4,6}，
4{2,5,7}，6{3,4,7}，2{3,5,6}．

后一部分的例子也可以取为下列8种之一：

(1) 1{5,6,7}，3{1,2,5}，7{3,4,5}，4{1,3,6}
5{2,4,6}，2{1,4,7}，6{2,3,7}；

(2) 1{5,6,7}，4{1,2,5}，6{3,4,5}，2{1,3,6}
7{2,4,6}，3{1,4,7}，5{2,3,7}；

下转后2页

2. 安排 n 名网球运动员进行双打比赛，使得每一名选手都与其余选手中的每个人作为对手恰好进行一场比赛，求 n 的所有可能值。（1993年全国，《组合卷》6-17题）

解 对于网球选手 A，他的比赛对手需要是成对出现的，所以 n 为奇数。另外，按题中要求，A 恰好参加 $\frac{1}{2}(n-1)$ 场比赛，于是 n 个人共参加了 $\frac{1}{2}n(n-1)$ 场比赛。在这个计数过程中，由于每场比赛共 4 人参加，所以每场比赛恰被计数 4 次，因此，

从必要条件入手

$$4 \mid \frac{1}{2}n(n-1), \quad 8 \mid n(n-1).$$

由于 n 为奇数，所以 $8 \mid n-1$，即有 $n \equiv 1 \pmod 8$，$n=8k+1$。

当 $k=1$，$n=9$ 时，将一个圆周 9 等分，用 9 个分点来代表 9 名运动员。先安排 1、2 号选手与 3、5 号选手进行一场双打比赛。这一场双打导致有 4 对选手 $\{1,3\}$，$\{1,5\}$，$\{2,3\}$，$\{2,5\}$ 作为对手各出场 1 次。在相应 4 点之间连上 4 条弦（如图）。易见，4 条弦的长度互不相同，故当用轮换排列法写出另外 8 场比赛时，共有 36 对选手作为对手各出场 1 次且互不相同。当然恰好 9 人可组成的 $C_9^2=36$ 对各出场 1 次。

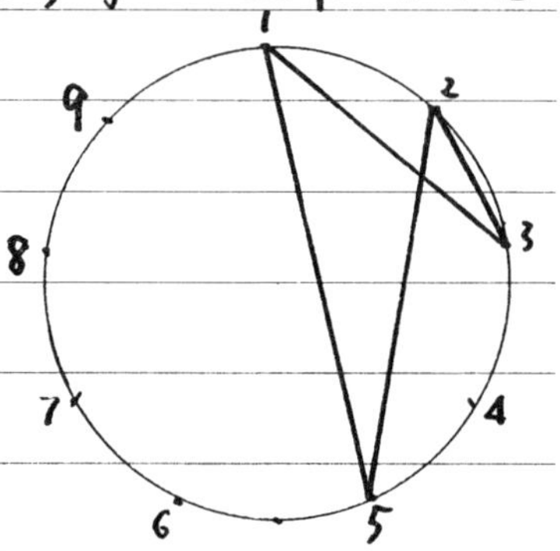

这表明 $n=9$ 满足题中要求。具体的 9 场比赛人员为

$\{1,2;3,5\}$，$\{2,3;4,6\}$，$\{3,4;5,7\}$，$\{4,5;6,8\}$

$\{5,6;7,9\}$，$\{6,7;8,1\}$，$\{7,8;9,2\}$，$\{8,9;1,3\}$

$\{9,1;2,4\}$。

当$k>1$时，先从$8k+1$个人中选定一人A，然后将其余的$8k$人分成k组，每组8人。接着将A与每组8人配成9人并按上段中$n=9$的程序安排比赛，于是A与其余$8k$个人中每人都作为对手恰好比赛一场。最后，将每组8人分成4对并安排每异组两对之间进行一场双打比赛，显然，这样的安排满足题中要求。

综上可知，所求的n的所有可能值为 **递进构造法**

$$n=8k+1,\quad k=1,2,\cdots.$$

接69页最后：

(3) $2\{5.6.7\}$，$3\{1.2.5\}$，$6\{3.4.5\}$，$7\{1.3.6\}$，$1\{2.4.6\}$，$5\{1.4.7\}$，$4\{2.3.7\}$；

(4) $2\{5.6.7\}$，$4\{1.2.5\}$，$7\{3.4.5\}$，$5\{1.3.6\}$，$3\{2.4.6\}$，$6\{1.4.7\}$，$1\{2.3.7\}$；

(5) $3\{5.6.7\}$，$7\{1.2.5\}$，$1\{3.4.5\}$，$2\{1.3.6\}$，$5\{2.4.6\}$，$6\{1.4.7\}$，$4\{2.3.7\}$；

(6) $3\{5.6.7\}$，$6\{1.2.5\}$，$2\{3.4.5\}$，$4\{1.3.6\}$，$7\{2.4.6\}$，$5\{1.4.7\}$，$1\{2.3.7\}$；

(7) $4\{5.6.7\}$，$6\{1.2.5\}$，$1\{3.4.5\}$，$7\{1.3.6\}$，$3\{2.4.6\}$，$2\{1.4.7\}$，$5\{2.3.7\}$；

(8) $4\{5.6.7\}$，$7\{1.2.5\}$，$2\{3.4.5\}$，$5\{1.3.6\}$，$1\{2.4.6\}$，$3\{1.4.7\}$，$6\{2.3.7\}$。 (2007.7.23)

注意．关于轮换排列给出的7个三元子集，还有下列7个例子满足要求：

(1) $3\{1,2,4\}$，$6\{2,3,5\}$，$7\{3,4,6\}$，$2\{4,5,7\}$，$4\{5,6,1\}$，$1\{6,7,2\}$，$5\{7,1,3\}$；

(2) $3\{1,2,4\}$，$7\{2,3,5\}$，$5\{3,4,6\}$，$1\{4,5,7\}$，$2\{5,6,1\}$，$4\{6,7,2\}$，$6\{7,1,3\}$；

(3) $5\{1,2,4\}$，$6\{2,3,5\}$，$1\{3,4,6\}$，$3\{4,5,7\}$，$7\{5,6,1\}$，$4\{6,7,2\}$，$2\{7,1,3\}$；

(4) $5\{1,2,4\}$，$7\{2,3,5\}$，$2\{3,4,6\}$，$6\{4,5,7\}$，$3\{5,6,1\}$，$1\{6,7,2\}$，$4\{7,1,3\}$；

(5) $6\{1,2,4\}$，$1\{2,3,5\}$，$5\{3,4,6\}$，$2\{4,5,7\}$，$7\{5,6,1\}$，$3\{6,7,2\}$，$4\{7,1,3\}$；

(6) $6\{1,2,4\}$，$4\{2,3,5\}$，$7\{3,4,6\}$，$1\{4,5,7\}$，$3\{5,6,1\}$，$5\{6,7,2\}$，$2\{7,1,3\}$；

(7) $7\{1,2,4\}$，$4\{2,3,5\}$，$1\{3,4,6\}$，$6\{4,5,7\}$，$2\{5,6,1\}$，$3\{6,7,2\}$，$5\{7,1,3\}$．

(2007.7.23)

※3. 18支足球队进行单循环赛，即每轮将18支球队分成9组，每组的两队进行一场比赛，下一轮重新分组进行比赛，共赛17轮，每队都与另外17个队各赛一场。按任意可行的程序比赛了n轮之后，总存在4个队，它们之间总共只赛了一场，求n的最大值。

（2002年中国数学奥林匹克第3题）

解1 考察如下的比赛程序 【分组构造法】【从特殊例入手】

1 (1,2)(3,4)(5,6)(7,8)(9,18)(10,11)(12,13)(14,15)(16,17)

2 (1,3)(2,4)(5,7)(6,9)(8,17)(10,12)(11,13)(14,16)(15,18)

3 (1,4)(2,5)(3,6)(8,9)(7,16)(10,13)(11,14)(12,15)(17,18)

4 (1,5)(2,7)(3,8)(4,9)(6,15)(10,14)(11,16)(12,17)(13,18)

5 (1,6)(2,8)(3,9)(4,7)(5,14)(10,15)(11,17)(12,18)(13,16)

6 (1,7)(2,9)(3,5)(6,8)(4,13)(10,16)(11,18)(12,14)(15,17)

7 (1,8)(2,6)(4,5)(7,9)(3,12)(10,17)(11,15)(13,14)(16,18)

8 (1,9)(3,7)(4,6)(5,8)(2,11)(10,18)(12,16)(13,15)(14,17)

9 (2,3)(4,8)(5,9)(6,7)(1,10)(11,12)(13,17)(14,18)(15,16)

10 (1,11)(2,12)(3,13)(4,14)(5,15)(6,16)(7,17)(8,18)(9,10)

11 (1,12)(2,13)(3,14)(4,15)(5,16)(6,17)(7,18)(8,10)(9,11)

12 (1,13)(2,14)(3,15)(4,16)(5,17)(6,18)(7,10)(8,11)(9,12)

⋮ ⋮ 【轮换排列法】

17 (1,18)(2,10)(3,11)(4,12)(5,13)(6,14)(7,15)(8,16)(9,17).

易见，程序中前9队为A组，后9队为B组。9轮过后，同组两队均已赛过。这时，任何4队之间至少已赛两场，当然不满足题中要求.

如果将这个程序倒序进行比赛，则8轮过后，同组任何两队均未赛过，每个队都是与另一组中9个队中的8个队各赛一场，共8场. 这时，任何4个队或者一场未赛（同组4队）或者至少已赛两场（4队不同组）. 可见，所求的n的最大可能值≤ 7.

当已进行了七轮比赛之后，设没有4支球队恰赛1场. 从中选出已赛过的两支队A_1和A_2. 于是每队要和另外6个队比赛过. 两支队至多与另外12支不同队赛过. 从而在另外16支队中存在4支队B_1，B_2，B_3，B_4与A_1，A_2均未赛过. 若B_1，B_2，B_3，B_4中有两队B_i与B_j未赛过，则$\{A_1, A_2, B_i, B_j\}$4队恰赛1场，矛盾. 所以B_1，B_2，B_3和B_4两两均已赛过.

迭代法

B_1和B_2每队都和B组4队中的另3队赛过，于是每队还与另4队赛过，两队共和至多另8队赛过，从而有6支队C_1，C_2，…，C_6均未与B_1，B_2赛过. 由反证假设知C_1，C_2，…，C_6中两两均已赛过.

C_1和C_2每队都和C组6队中的另5队赛过，于是每队都还要与C组之外的2队赛过. 从而有8支队D_1，D_2，…，D_8均未与C_1，C_2赛过. 再由反证假设知这8支队D_1，D_2，…，D_8两两均已赛过.

七轮过后，D_1，D_2之赛的7场都是在D组之内赛的，与D组之外的另10队均未赛过. 而另10队中必有E_1和E_2尚未赛过. 于是$\{D_1, D_2, E_1, E_2\}$恰赛一场. 此与反证假设矛盾.

综上可知，最多能进行7轮比赛.

解2 用轮换排列法构造比赛程序如下：

1	(5,6)	(4,7)	(3,8)	(2,9)	(1,10)	(14,15)	(13,16)	(12,17)	(11,18)
2	(6,7)	(5,8)	(4,9)	(3,1)	(2,11)	(15,16)	(14,17)	(13,18)	(12,10)
3	(7,8)	(6,9)	(5,1)	(4,2)	(3,12)	(16,17)	(15,18)	(14,10)	(13,11)
4.	(8,9)	(7,1)	(6,2)	(5,3)	(4,13)	(17,18)	(16,10)	(15,11)	(14,12)
5.	(9,1)	(8,2)	(7,3)	(6,4)	(5,14)	(18,10)	(17,11)	(16,12)	(15,13)
6.	(1,2)	(9,3)	(8,4)	(7,5)	(6,15)	(10,11)	(18,12)	(17,13)	(16,14)
7.	(2,3)	(1,4)	(9,5)	(8,6)	(7,16)	(11,12)	(10,13)	(18,14)	(17,15)
8	(3,4)	(2,5)	(1,6)	(9,7)	(8,17)	(12,13)	(11,14)	(10,15)	(18,16)
9	(4,5)	(3,6)	(2,7)	(1,8)	(9,18)	(13,14)	(12,15)	(11,16)	(10,17)
10	(1,11)	(2,12)	(3,13)	(4,14)	(5,15)	(6,16)	(7,17)	(8,18)	(9,10)
11	(1,12)	(2,13)	(3,14)	(4,15)	(5,16)	(6,17)	(7,18)	(8,10)	(9,11)
12	(1,13)	(2,14)	(3,15)	(4,16)	(5,17)	(6,18)	(7,10)	(8,11)	(9,12)
13	(1,14)	(2,15)	(3,16)	(4,17)	(5,18)	(6,10)	(7,11)	(8,12)	(9,13)
14	(1,15)	(2,16)	(3,17)	(4,18)	(5,10)	(6,11)	(7,12)	(8,13)	(9,14)
15	(1,16)	(2,17)	(3,18)	(4,10)	(5,11)	(6,12)	(7,13)	(8,14)	(9,15)
16	(1,17)	(2,18)	(3,10)	(4,11)	(5,12)	(6,13)	(7,14)	(8,15)	(9,16)
17	(1,18)	(2,10)	(3,11)	(4,12)	(5,13)	(6,14)	(7,15)	(8,16)	(9,17)

这个程序表明进行了9轮比赛之后，同组的任何两支球队均已赛过. 任何4支球队之间至少已进行了两场比赛. 可见 $n\geq 9$ 是不行的. 按这个程序的次序进行比赛8轮之后，每支球队都与异组的9队中的8队各进行了一场比赛. 任何4支球队之间至少已进行了

或1场比赛或

两场比赛．所以 $n=8$ 也不满足题中要求．故知所求的 n 的最大可能值不大于7．

另一方面，设比赛进行了七轮之后，最多有 k 支球队两两均已赛过，于是 $2\leqslant k<8$．设这 k 支球队为 $A_1,A_2,\cdots,A_k$ 并称之为A组．

考察 A_1 与 A_2 两队，二者除在A组中赛了 $k-1$ 场，于是每队在组外还要比赛 $8-k$ 场，这表明18支球队中有

$$18-k-2(8-k)=k+2$$

支球队与 A_1,A_2 均未赛过．由于 k 的最大性可知这 $k+2$ 支队中必有两队 B_1 和 B_2 尚未赛过．于是 $\{A_1,A_2,B_1,B_2\}$ 4队之间总共赛了一场．

综上可知，所求的 n 的最大可能值为7．

解3 用同余构造法将比赛程序安排如下：将18支球队分别编号为1，2，…，18并将前9队称为A组，后9队称为B组．第 i 轮的比赛程序安排如下：当 j 与 k 队同组且

$$j+k\equiv 2i \pmod 9) \quad i=1,2,\cdots,9$$

时，j 队与 k 队赛1场．这时每组赛4场，余下两队 i 与 $9+i$ 赛一场．于是第 i 轮共赛9场，$i=1,2,\cdots,9$．后8轮比赛全在两组之间进行，第 $9+k$ 轮比赛安排如下：j 队与 $9+k+j$ 队各赛一场，$j=1,2,\cdots,9$ 共9场，$k=1,2,\cdots,8$ 共8轮．具体写出17轮安排如下：

1	(2.9)	(3.8)	(4,7)	(5.6)	(1,10)	(11.18)	(12.17)	(13,16)	(14.15)
2	(1,3)	(4,9)	(5.8)	(6.7)	(2.11)	(10,12)	(13.18)	(14.17)	(15.16)
3	(1.5)	(2.4)	(6.9)	(7,8)	(3.12)	(10.14)	(11.13)	(15.18)	(16.17)
4	(1,7)	(2.6)	(3,5)	(8,9)	(4.13)	(10.16)	(11.15)	(12.14)	(17.18)
5	(1,9)	(2.8)	(3.7)	(4.6)	(5.14)	(10.18)	(11,17)	(12.16)	(13.15)
6	(1.2)	(3.9)	(4.8)	(5.7)	(6.15)	(10.11)	(12.18)	(13.17)	(14.16)
7	(1.4)	(2.3)	(5,9)	(6,8)	(7.16)	(10.13)	(11.12)	(14.18)	(15.17)
8	(1.6)	(2.5)	(3.4)	(7.9)	(8.17)	(10.15)	(11.14)	(12.13)	(16.18)
9	(1.8)	(2.7)	(3.6)	(4.5)	(9.18)	(10.17)	(11.16)	(12.15)	(13.14)
10	(1,11)	(2.12)	(3.13)	(4.14)	(5,15)	(6.16)	(7,17)	(8.18)	(9.10)
11	(1.12)	(2.13)	(3.14)	(4.15)	(5.16)	(6.17)	(7.18)	(8.10)	(9.11)
12	(1.13)	(2,14)	(3.15)	(4.16)	(5.17)	(6.18)	(7,10)	(8,11)	(9.12)
13	(1.14)	(2.15)	(3.16)	(4.17)	(5.18)	(6,10)	(7.11)	(8.12)	(9.13)
14	(1.15)	(2.16)	(3.17)	(4,18)	(5.10)	(6.11)	(7.12)	(8.13)	(9.14)
15	(1.16)	(2.17)	(3.18)	(4.10)	(5.11)	(6.12)	(7.13)	(8.14)	(9.15)
16	(1.17)	(2.18)	(3,10)	(4.11)	(5.12)	(6.13)	(7.14)	(8.15)	(9.16)
17	(1.18)	(2,10)	(3.11)	(4.12)	(5.13)	(6.14)	(7.15)	(8.16)	(9.17).

在这个程序中，前9轮赛过之后，同组的任何两队均已赛过。当按反序进行8轮之后，同组任何两队均未赛过，每队都与另一组的8个队各赛一场，不难看出，所求的n的最大值不大于7.

当比赛进行7轮之后，C队与另外7支队各赛1场，而与另外10支队均未赛过。因为这时每队均赛7场，故可从后10支队中选出D、E两队尚未赛过．于是C、D、E 3队两两均未赛过．

设在进行了7轮之后18支球队中最多有k支队两两均未赛过．设这k支队为C_1，C_2，…，C_k，于是$k\geq3$且余下的$18-k$支球队中，每队至少与C组k支队中之一赛过．将后$18-k$支队称为D组，分别记为D_1，D_2，…，D_{18-k}．

如果D组某队D_i与C组队比赛的场次数$\leq k-2$，则C组中存在C_j．C_k两队均未与D_i赛过及C_m与D_i赛过．于是$\{D_i,C_j,C_k,C_m\}$4队之间总共赛1场．

否则，D组每队都至少与C组队赛了$k-1$场．于是$k\leq8$且有

$$(18-k)(k-1)\leq7k,$$

$$19k-k^2-18\leq7k,\quad k^2-12k+18\geq0.$$

$$(k-6)^2\geq18.$$

解得$k\leq1$和$k\geq11$，矛盾．

综上可知，所求的轮数n的最大可能值为7．

※4. $n(\geq 9)$支足球队进行单循环赛，结果倒数第3名的队得分比它前面的队都少，比后两队每队都多．胜场数比前面的队都多却又比后两队每队都少．求队数n的最小值．

（1998年中国集训队选拔考试3题）

解1 设n支球队依次是$A_1,A_2,\cdots,A_{n-3},B,C_1,C_2$．

由于A组队胜场少却得分多，只能多平，所以A组每队至少8平，C组每队至少6负2胜，B队至少3负4平1胜．后3队至少15负，3队之间共有3场比赛，至多3负．所以至少有12负来自于同A组队的比赛，即A组队至少共12胜．若$n\leq 14$，则A组队至多11队．由抽屉原理知有A组某队至少2胜8平，从而B队至少3负4平3胜．可见$n\geq 11$．

设$n=11$，于是A组8个队．A组队之间共赛$C_8^2=28$场．A组每队至少8平，8队至少共有64平．即使A组之内的28场全平，也只有56平．A组队至少有8平来自组外3队．由于B队至少4平，所以或者B队至少6平，或者C组某队至少2平．无论哪种情况，均导致A组某队至少有2胜10平，$n\geq 13$，矛盾．　胜平负分析法

设$n=12$，于是A组9队．A组9队之间共赛$C_9^2=36$场．因为A组某队至少2胜，所以B队至少3胜3负4平．若A组某队1胜，则它至少11平，即至少赛12场，此不可能．故A组每队2胜8平，B队3胜3负4平，C组每队4胜6负．所有队共29胜15负．胜负不平衡．注意，每队共赛11场．C组每队至多7负．B队至多4负．后3队至多18负．A组各队至少共11负．由抽屉原理知有A组某队至少2负．从而该队至少2胜8平2负．共赛12场．矛盾．

设$n=13$，于是A组10队，若A组每队2胜9平1负，B队3胜4平5负，C组每队4胜8负，则恰可满足要求，所以至少有13队参赛。

	A_1	A_2	A_3	A_4	A_5	A_6	A_7	A_8	A_9	A_{10}	B	C_1	C_2	胜	平	负	分
A_1											0	3	3	2	9	1	15
A_2				0							1	3	3	2	9	1	15
A_3					0						1	3	3	2	9	1	15
A_4		3									1	0	3	2	9	1	15
A_5			3								1	0	3	2	9	1	15
A_6											3	0	3	2	9	1	15
A_7											3	3	0	2	9	1	15
A_8											3	3	0	2	9	1	15
A_9											3	3	0	2	9	1	15
A_{10}											3	3	0	2	9	1	15
B	3	1	1	1	1	0	0	0	0	0		3	3	3	4	5	13
C_1	0	0	0	3	3	3	0	0	0	0	0		3	4	0	8	12
C_2	0	0	0	0	0	0	3	3	3	3	0	0		4	0	8	12

表中空格中皆为1。

解2 设n支球队按名次从前到后为$A_1,A_2,\cdots,A_n$，并称$\{A_1,A_2,\cdots A_{n-3}\}$为强组。设$A_i$队胜$m_i$场，平$k_i$场，于是得分为$3m_i+k_i$。据已知条件有

$$3m_i+k_i\leq 3m_{n-2}+k_{n-2}-1,\ m_i\geq m_{n-2}+1,\quad i=n-1,n;$$

$$3m_i+k_i\geq 3m_{n-2}+k_{n-2}+1,\ m_i\leq m_{n-2}-1,\quad i=1,2,\cdots,n-3.$$

求和得到

$$\frac{1}{2}n(n-1)=C_n^2=\sum m_i+\frac{1}{2}\sum k_i,$$

$$\begin{aligned}n^2-n&=2\sum m_i+\sum k_i\geq 2\sum_{i=1}^{n-3}m_i+\sum_{i=1}^{n-3}k_i+2m_{n-2}+k_{n-2}+4(m_{n-2}+1)\\&=6m_{n-2}+k_{n-2}+4+\sum_{i=1}^{n-3}(3m_i+k_i)-\sum_{i=1}^{n-3}m_i\\&\geq 6m_{n-2}+k_{n-2}+4+(n-3)(3m_{n-2}+k_{n-2}+1)-(n-3)(m_{n-2}-1)\\&=2nm_{n-2}+(n-2)k_{n-2}+2(n-1).\qquad(*)\end{aligned}$$

因为 A_{n-1}、A_n 至少各负 6 场，A_{n-2} 至少负 3 场，3 队至少负 15 场，而这 3 队之间至多共负 3 场，所以強组队至少共胜 12 场。若強组队至多 11 队，则由抽屉原理知必有強组某队之胜，于是 A_{n-2} 至少 3 胜，即有 $m_{n-2}\geq 3$，$k_{n-2}\geq 4$，于是由(*)式有

$$n^2-n\geq 6n+4(n-2)+2(n-1)=12n-10.$$

$$n^2-13n+10\geq 0.$$

解得 $n>12$，即 $n\geq 13$。所以至少有 13 队参加比赛。再由解 1 中的图表给出的例子便知最少有 13 支球队参加比赛。

5. n支足球队进行比赛，每两队都赛一场。胜队得3分、负队得0分，平局各得1分。问一个队最少要得多少分，才能保证得分不少于该队的球队至多有$k-1$支，其中$2\le k\le n-1$？

（1997年中国集训队选拔考试2题）

解 显然，最坏的情形是有$k+1$支球队得分相同且均得到最高可能的分数。

（1）设k为偶数，$k=2m$，m为正整数。将$k+1$支球队即$2m+1$支球队用圆周上的$2m+1$个等分点来表示，每个队都战胜按顺时针由自己算起接下去的m支队，而负于另外的m支球队，并且这$k+1$支队每队都全胜另外的$n-k-1$支球队。于是这$k+1$支队中每队的得分都是$3(n-k-1)+3m=3n-3k-3+\frac{3k}{2}=3n-\frac{3k}{2}-3$。①

（2）设k为奇数，$k=2m+1$。仍将$2m+2$支队用圆周上的$2m+2$个等分点来表示。与前一样，每队都战胜按顺时针由自己算起接下去的m支队，战平第$m+1$支队而负于另外的m支队，并且这$k+1$支队中每队都全胜另外的$n-k-1$支队。于是这$k+1$支队中每队的得分都是

从举反例入手

$$3(n-k-1)+3m+1=3(n-k-1)+\frac{3}{2}(k-1)+1$$

$$=3n-3k-3+\frac{3}{2}k-\frac{3}{2}+1=3n-\frac{3k+1}{2}-3。\quad ②$$

将①与②结合起来知，这$k+1$支队中每队的得分都是$3n-\left[\frac{3k+1}{2}\right]-3$。由此可知，为保证得分不少于该队的至多有$k-1$支队，该队至少要得到$3n-\left[\frac{3k+1}{2}\right]-2$分。

（3）再证当一个队得分不少于$3n-\left[\frac{3k+1}{2}\right]-2$时，得分不少于定

的队至多有 $k-1$ 支.

若不然，设另有 k 支球队得分都不少于此队，于是这 $k+1$ 支队的得分之和不少于 $(k+1)\left(3n-\left[\frac{3k+1}{2}\right]-2\right)$. 记这 $k+1$ 支队为 A 组，另外的 $n-k-1$ 支球队为 B 组. A 组队与 B 组队比赛的得分数至多为 $3(k+1)(n-k-1)$，A 组队之间比赛的得分至多为 $3C_{k+1}^{2}=\frac{3}{2}k(k+1)$. 所以 A 组各队得分数之和不多于 **推序求和法**

$$3(k+1)(n-k-1)+\frac{3}{2}k(k+1)=(k+1)\left(3n-3k-3+\frac{3}{2}k\right)$$
$$=(k+1)\left(3n-\frac{3}{2}k-3\right)<(k+1)\left(3n-\left[\frac{3k+1}{2}\right]-2\right),$$

矛盾.

综上可知，所求的得分最小值为 $3n-\left[\frac{3k+1}{2}\right]-2$.

每场3人对3人，中途不换人

6. 街头篮球训练营为n名运动员安排比赛，要求其中任何两人都作为队友恰参加两场比赛，求n的两个最小的值。

解 n名运动员中每人都要和另外$n-1$人各作为队友两次，每人共$2(n-1)$次。街头篮球赛每队3人，每人每场恰有两个队友，所以恰得参加$n-1$场比赛。n个人共须参加$n(n-1)$场比赛（包括重复）。每场比赛6人参加。在上述计数过程中恰被计数6次，故不同的比赛场次共为$\frac{1}{6}n(n-1)$场。所以有

$$n\geq 6,\quad 6\mid n(n-1).$$

显然，这是人数n满足题中要求的必要条件。于是从小到大排列应为

$$n=6,7,9,10,\cdots.$$

首先看$n=6$的情况。这时应共进行5场比赛且每场比赛中6人全得上场。由对称性之可设$(1,2)$作为队友参加的两场比赛为

$$\{1,2,3;4,5,6\},\ \{1,2,4;3,5,6\}.$$

这样，在余下的3场比赛中，1号的6个队友应为3，4，5，5，6，6。于是必有一场中$(5,6)$都作为1的队友出现，从而在这场中$(5,6)$也是队友。这导致$(5,6)$这个队友对"至少出现3次。矛盾。故知$n=6$不满足题中要求。

其次考察$n=7$的情况。这时由轮换排列法可以写出：

$\{1,2,4;3,5,6\}$ $\{2,3,5;4,6,7\}$ $\{3,4,6;5,7,1\}$

$\{4,5,7;6,1,2\}$ $\{5,6,1;7,2,3\}$ $\{6,7,2;1,3,4\}$

$\{7,1,3;2,4,5\}$

易见，$\{1,2,3,4,5,6,7\}$的每个二元子集都恰在7个集合的前3人

中出现1次，也恰在后3人中出现1次，共出现两次，所以$n=7$满足题中要求，且是最小的一个。

最后，再考察$n=9$的情形，这时$\frac{1}{6}n(n-1)=12$，即共应安排12场比赛，每人参加8场比赛，由均匀排列法可以写出：

{1.2.3；4.5.6} {4.5.6；7.8.9} {7.8.9；1.2.3}

{1.4.7；2.5.8} {2.5.8；3.6.9} {3.6.9；1.4.7}

{1.5.9；2.6.7} {2.6.7；3.4.8} {3.4.8；1.5.9}

{1.6.8；2.4.9} {2.4.9；3.5.7} {3.5.7；1.6.8}。

由此可知，$n=9$满足题中要求，且是第2最小的值。

注 $n=6$不合要求还可以这样来证：

设5场中第1场的人员安排为

{1.2.3；4.5.6}。

因为每场球6人全要上场，所以1.2.3号队员每场都上场。上场后3人分在两队，总有两人在同一队中构成一个"队友对"。后4场中每场至少1个，至少共4个"队友对"。但由1.2.3构成的"队友对"只有3种不同：(1.2)(2.3)(3.1)，由抽屉原理知上述至少4个"队友对"中总有两个相同。再加上第1场中与此相同的一个，这个"队友对"五场中至少出现3次，不满足题中要求，所以$n=6$不行。

7. 篮球训练营组织 n 名运动员参加一次训练比赛，要求每两人都作为队友（在同场同队出场）同时出场 4 次，求 n 的最小值。

解　因为篮球比赛每场共有 10 人参加，所以 $n\geq 10$。

设 $n=10$ 满足题中要求，因 $C_{10}^{2}=45$，故共应有 180 个"队友对"，每场比赛共有 20 个"队友对"，所以整个比赛应安排 9 场。

因为只有 10 人，所以每场比赛中 10 人都得分在两队出场，在全部 9 场球赛中，(1, 2) 两人作为队友同时出场 4 次，这 4 场中，另 8 人作为 (1, 2) 的队友出场 12 人次，由抽屉原理知，其中必有一人在这 4 场中作为 (1, 2) 的队友到少出场两次，不妨设 (1, 2, 3) 在同一队中出场两次，于是可设为

$\{1, 2, 3, 4, 5; 6, 7, 8, 9, 10\}$ $\{1, 2, 3, 6, 7; 4, 5, 8, 9, 10\}$.

两场球中甲队都有 (1, 2, 3)，故乙队也有 3 人相同，不妨设为 (8, 9, 10)，所以上面分法具有一般性，后 7 场中，8, 9, 10 每场都要出场，当然可能分在两队，但由抽屉原理知，3 人中总有两人在同一队，即每场球赛中至少有 3 个队友对 (8, 9) (9, 10) (10, 8) 之一出现，7 场中至少出现 7 个队友对，再由抽屉原理知，7 个中总有 3 个相同，再加上前两场中的两个，至少出现 5 次，矛盾，所以 $n=10$ 不能满足题中要求。

当 $n=11$ 时，按轮换排列法可以写出如下 11 场的人员安排如下：

$\{1, 2, 3, 5, 8; 4, 7, 9, 10, 11\}$

$\{2, 3, 4, 6, 9; 5, 8, 10, 11, 1\}$

$\{3, 4, 5, 7, 10; 6, 9, 11, 1, 2\}$

{4.5.6.8.11；7.10.1.2.3}，

{5.6.7.9.1；8.11.2.3.4}

{6.7.8.10.2；9.1.3.4.5}

{7.8.9.11.3；10.2.4.5.6}

{8.9.10.1.4；11.3.5.6.7}

{9.10.11.2.5；1.4.6.7.8}

{10.11.1.3.6；2.5.7.8.9}

{11.1.2.4.7；3.6.8.9.10}.

不难看出，前一组5人中（11场中前5人），每个队友对恰好各出现两次．后一组5人中亦然．所以，每个"队友对"在11场中恰各出场4次．满足题中要求．

综上可知，所求的人数n的最小值为11．

证2　不妨设第1场的人员安排为

{1.2.3.4.5；6.7.8.9.10}．

考察由{1.2.3.4.5}在9场比赛中组成"队友对"的个数．第1场10个．后8场中，5人分在两队，至少要构成4个．共10+4×8=42个．但由{1.2.3.4.5}中两人构成的不同队友对只有10个．由抽屉原理知至少有5个是同一对．矛盾．

(2005.12.20)

8　某街头篮球训练营安排 n 名运动员进行训练比赛，要求其中任何两人都作为队友（即在同一队中参赛）恰参加一场比赛，求 n 的最小值。

解　将 n 名运动员编号为 $1,2,\cdots,n$。对于其中任何一名运动员 a，因为另外的 $n-1$ 名运动员都要与 a 组成一个"队友对"恰参加一场比赛，故 a 恰应参加 $\frac{1}{2}(n-1)$ 场比赛，n 个人共应参加 $\frac{1}{2}n(n-1)$ 场比赛（包括重复）。在这个计数过程中，每场比赛恰被计数 6 次，所以恰有 $\frac{1}{12}n(n-1)$ 场不同比赛，于是

$$n\geq 6,\quad 2\mid n-1,\quad 12\mid n(n-1),$$

这是人数 n 满足题中要求的必要条件。

设 $n=9$ 满足题中要求，于是 9 人中每人都要参加 4 场比赛，共进行 6 场比赛。$S=\{1,2,3,4,5,6,7,8,9\}$ 恰构成 $C_9^2=36$ 个元素对。另一方面，每场球有 6 个"队友对"，6 场也恰有 36 个"队友对"。

每场球两队 6 人互不相同，每队 3 人称为 S 的一个"三元组"。每场球出场的两个三元组不交。设第 1 场出场 6 人为 $\{1,2,3;4,5,6\}$。若另 5 场中还有一个三元组为 $\{7,8,9\}$，则该场中的另一个三元组中的 3 人当然来自 $\{1,2,3,4,5,6\}$，由抽屉原理知这 3 人中总有两人来自 $\{1,2,3\}$ 或同来自 $\{4,5,6\}$，矛盾。所以 6 场的 12 个三元组中不能再有 $\{7,8,9\}$。这样，由于 S 的每个元素对恰含在 12 个三元组中一次，所以

$$\{1,4,x\}\{1,5,x\}\{1,6,x\},\{2,4,x\}\ \{2,5,x\}\ \{2,6,x\}$$

$$\{3,4,x\}\{3,5,x\}\{3,6,x\},\ \{x,7,8\}\ \{x,7,9\}\ \{x,8,9\}$$

都应在各不相同的三元组中出现一次，而除了第一场之外，余下的不

同三元组只有10个，矛盾．这表明 $n=9$ 不可能满足题中要求．所以，所求的 n 的最小值不小于13．

当 $n=13$ 时，可以用轮换排列法写出13场比赛的出场人员如下：

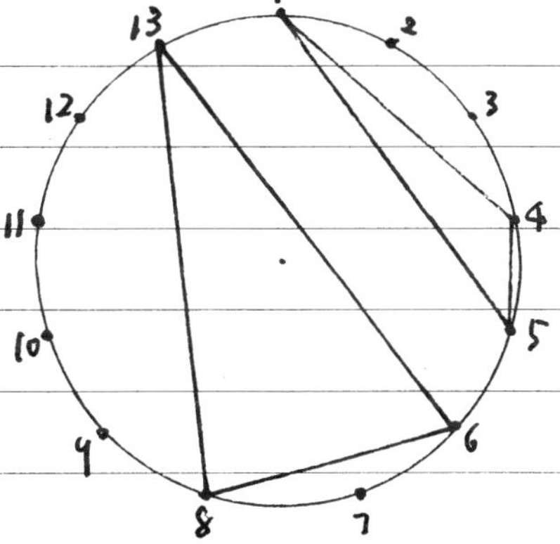

{1．4．5；6．8．13}，

{2．5．6；7．9．1}，

{3．6．7；8．10．2}，

{4．7．8；9．11．3}，

{5．8．9；10．12．4}，

{6．9．10；11．13．5}，

{7．10．11；12．1．6}，

{8．11．12；13．2．7}，　{9．12．13；1．3．8}，

{10．13．1；2．4．9}，　{11．1．2；3．5．10}，

{12．2．3；4．6．11}，　{13．3．4；5．7．12}．

设圆的周长为13，每段弧长为1．当用弧长来表示相应的弦长时，每组中两个三元组中3数两两之差恰为圆中两个内接三角形的6条边长，且恰为1，2，3，4，5，6各一条．所以轮换一周时，恰好每条边和每条对角线都出现一次，即每个"队友对"恰好出场一次．

综上可知，所求的人数 n 的最小值为13．

证2　设第1场的人员安排为{1，2，3；4，5，6}，于是像解1中一样地可以证得后5场中不会出现三元组{7．8．9}．考察{7．8．9}中两人组成的队友对(7，8)(7，9)(8，9)．第1场中没有，而余下的5场比赛

中，每场至多1对，故6场比赛中至多共5个这种"队友对"，这也不可能满足题中要求。所以$n=9$不能满足题中要求。[不对]

注意，每场比赛中两队人员互不相同，所以每场不能有两个这样的"队友对"。其实，即使每场两个也不够12个。

四 考试问题

有关考试的问题是各级别数学竞赛中不断出现的问题．一般来说难度要高一些．解题中经常用到抽屉原理、换序求和、构造法、反证法等工具．适合用来考察学生的综合解题能力．

例1 16名学生参加一次考试，试题全是选择题．每题都有4个选项．考完后发现，任何两名学生的答案至多有1题相同．问最多有多少道考题？说明理由．（1992年中国集训队选拔考试1题）

解 用16个点代表16名学生，当两名学生有1题答案相同时，便在相应两点之间连一条线段．由已知，两点间至多有1条连线，于是这个简单图中至多有 $C_{16}^2=120$ 条连线．

另一方面，设共有 n 道试题．对于其中每道题，设答案分别为1，2，3，4的人数依次为 m_1，m_2，m_3，m_4．于是 $m_1+m_2+m_3+m_4=16$．因而由于此题答案相同而导致的图中连线条数为

$$C_{m_1}^2+C_{m_2}^2+C_{m_3}^2+C_{m_4}^2=\frac{1}{2}(m_1^2+m_2^2+m_3^2+m_4^2)-8$$

$$\geq\frac{1}{8}(m_1+m_2+m_3+m_4)^2-8=24.$$

可见，n 道题目导致的图中连线数至少为 $24n$．所以

$$24n\leq120,\qquad n\leq5.$$

即至多有5道试题．

当试题为5道时，用字典排列法可以写出16名学生的答案可以满足题中要求如下：

	A	B	C	D	E	F	G	H	I	J	K	L	M	N	O	P
一	1	1	1	1	2	2	2	2	3	3	3	3	4	4	4	4
二	1	2	3	4	1	2	3	4	1	2	3	4	1	2	3	4
三	1	2	3	4	2	1	4	3	3	4	1	2	4	3	2	1
四	1	2	3	4	3	4	1	2	4	3	2	1	2	1	4	3
五	1	2	3	4	4	3	2	1	2	1	4	3	3	4	1	2

综上可知，最多有5道试题.

2 一次考试中共有4道选择题，每题都有3个选项．一组学生参加考试，每人对每题恰选1个选项．考完之后发现，对于任何3名学生，都有一道试题使3人的答案互不相同．问最多有多少名学生参加了考试？说明理由．（1988年IMO候选题）

解 当考试只有一道试题时，若有4人参加考试，则4人选择3个不同选项，由抽屉原理知必有一个选项至多1人选取．去掉此人，余下3人只有两个不同选项，显然不满足题中要求．可见，这时至多3人参加考试，4人就不能满足要求．

当有两道试题时，有5人参加考试就不行．实际上，先考察第2题的答案，5人选择3个不同选项，由抽屉原理知必有一个选项至多一人选取．去掉这个选项，余下的至少4人在第2题上至多两个不同选项．若要满足题中要求，全都指望第1题．而上段已经证明了只有一题时4人不行．所以两题时5人不行．

当有3道题时，若有7人参加考试，则当考察第3题时，由抽屉原理知3个选项中总有1个选项至多两人选取．于是余下至少5人在第3题只有两个不同答案．因而为了满足题中要求，只能指望前两题．但上一段中已经证明了两题时5人不行．

4道试题时，若有10人参加考试，则由抽屉原理知，第4题的3个选项中总有一个选项至多3人选用．余下7人在第4题至多有两个不同选项，不可能有3人答案互不相同．所以为使7人满足要求只能指望前3题，此不可能．这表明4道题时有10人参加考试就不行．故知至多能有9人参加考试．

下面我们用字典排列法来给出9人参加考试可以满足要求的例子：

	1	2	3	4	5	6	7	8	9
一	1	1	1	2	2	2	3	3	3
二	1	2	3	1	2	3	1	2	3
三	1	2	3	2	3	1	3	1	2
四	1	2	3	3	1	2	2	3	1

易见，表中任何两人的答案至多1题相同．因此，对于任何3人两两之间至多各1题答案相同，共至多3题会有两人答案相同．但考试共4题，余下的1题的答案便是互不相同．

综上可知，最多有9名学生参加考试．

例3 某次考试共有5道选择题，每题都有4个不同答案供选择。每人对每题恰选1个答案。在2000份答卷中发现存在一个n，使得任何n份答卷中都存在4份，其中每两份的答案都至多3题相同。求n的最小可能值。（2000年中国数学奥林匹克6题）

解1 由抽屉原理知，2000份答卷中总有500份第1题答案相同，而在这500份答卷中，总有125份第2题答案又相同。在第1、2两题答案都相同的125份答卷中，有32份第3题答案也相同。在这32份答卷中，考察第4题的答案。第4题答案共有4种不同。由抽屉原理知4种答案中总有一种至多有8人选用。去掉这一答案，至少余下24人的答案前3题都相同，而第4题只有3种不同答案。

对于这24份答卷中的任何4份，由抽屉原理知其中必有两份答卷的第4题答案相同，从而前4题答案完全相同，不满足题中要求。这表明n的最小可能值不小于25。

另一方面，5道题的所有不同答案共有$4^5=1024$种，选择其中的1000种各重复一次，共得2000份答卷，其中的任何25份答卷中，总有13份答案互不相同。

用0，1，2，3来标志每题的4个不同选项并将所有不同答案组(g,h,i,j,k)，$g,h,i,j,k=0,1,2,3$分成4类：

$$S_m=\{(g,h,i,j,k)\mid g+h+i+j+k\equiv m \pmod 4\},\ m=0,1,2,3.$$

将这4个集合作为4个抽屉，由抽屉原理知，上述13份不同答案至少有4份属于这4个抽屉中的同一个。由S_m的定义可知，这4份答案中的每两份都是至多3题相同，这表明 $n=25$ 满足题中要求.

综上可知，n 的最小可能值为25.

解2 像解1中一样，用 (g,h,i,j,k) 表示一份答案，其中 $g,h,i,j,k\in\{0,1,2,3\}$. 将下列4个答案写成一组：

$$\{(g,h,i,j,0),(g,h,i,j,1),(g,h,i,j,2),(g,h,i,j,3)\}$$

其中 $g,h,i,j=0,1,2,3$. 以下称为四元组. 显然，全部1024个不同答案被分成了256个四元组. 2000份考卷的答案分属于这256个四元组. $2000=256\times7+208$，由抽屉原理知可先后取出3组各8份考卷，使得每组8份考卷的答案都属于同一个四元组. 这3组共24份答卷中，任何4份总有两份属于同一个四元组. 由四元组定义知这两份答案至少4题相同，当然不满足题中要求. 这表明 n 的最小可能值不小于25.

另一方面，令

$$S=\{(g,h,i,j,k)\mid g+h+i+j\equiv k \pmod 4\},$$

于是 $|S|=256$ 且 S 中任何两份答案都至多3题相同. 将 S 中的256个元素分成两组 $S_1\cup S_2=S$，$S_1\cap S_2=\varnothing$，使 $|S_1|=208$，$|S_2|=48$. 令 S_1 中每份答案恰有8人选用，S_2 中每份答案恰有7人选用，则共得到2000份答案，其中的任何25份答案中，总有4份互不相同. 于是这4份答案两两之间至多3题相同，即 $n=25$ 满足题中要求.

综上可知，n 的最小可能值为25.

例4 一组学生参加一次考试，试题是4道选择题，每题都是3个选项，每人每题必选1个选项。阅卷后发现每两名学生的答案都至多两题相同，且当再增加一名学生时，无论这名学生答案如何，都总有两名学生的答案至少3题相同。问这组学生最多有多少人？最少有多少人？说明理由。　　　（1995年中国代表队训练题）

解 将每题的3个选项都分别记为0，1，2，并用四数组 (a_1,a_2,a_3,a_4) 代表一名学生的答案，其中 $a_i\in\{0,1,2\}$，$i=1,2,3,4$。将满足题中要求的一组学生称为"饱和组"。

为使任何两人的答案都至多两题相同，用字典排列法可以写出如下的27份不同答案：

(0,0,0,0)	(1,0,0,1)	(2,0,0,2)
(0,0,1,1)	(1,0,1,2)	(2,0,1,0)
(0,0,2,2)	(1,0,2,0)	(2,0,2,1)
(0,1,0,1)	(1,1,0,2)	(2,1,0,0)
(0,1,1,2)	(1,1,1,0)	(2,1,1,1)
(0,1,2,0)	(1,1,2,1)	(2,1,2,2)
(0,2,0,2)	(1,2,0,0)	(2,2,0,1)
(0,2,1,0)	(1,2,1,1)	(2,2,1,2)
(0,2,2,1)	(1,2,2,2)	(2,2,2,0)

故知所求的饱和组人数的最大值不小于27。

另一方面，所有可能的不同答案共有81种，将它们分成互不相交的27组：

$\{(i,j,k,0),(i,j,k,1),(i,j,k,2)\}$，$i,j,k=0,1,2$.

对于任何28名学生，由抽屉原理知，他们的28份答卷中总有两份属于上述27组中的同一组，这些两人答案中前3题都相同，不满足至多2题相同的要求。所以饱和组人数最多27人。

其次，设9名学生答案如下：

$(0,0,0,0)$，$(0,1,1,1)$，$(0,2,2,2)$，

$(1,0,1,2)$，$(1,1,2,0)$，$(1,2,0,1)$，

$(2,0,2,1)$，$(2,1,0,2)$，$(2,2,1,0)$.

这是按每两个答案至多1题相同的原则下按字典排列法产生的。

由于这组答案中任何两份答案至少3题不同，故当将任何两份答案各改变1题答案后，所得的两份答案仍然不同。从上述9个答案中的每一个出发，用改变1题答案的方法共可得到8份新答案，连同原答案共9份答案为一组，共可得到9组共81份答案互不相同，恰好就是全部可能的81份答案。因此，若再加一人，则无论答案如何总属于9组中的一组，与产生该组的原答案至多有1题不同，当然有3题答案相同。这表明上述9个答案确是一个饱和组。

另一方面，对于任何8名学生的8份答案，每份答案都属于上述9组中的一组，由抽屉原理知，9组中总有1组不包含给定的8个答案中的任何一个，将产生该组的原答案加入这8个答案中，则只要原8个答案两两之间至多两题答案相同，加入这一答案后仍然如此，即任何8个答案都不能成为饱和组。故知饱和组人数的最小值为9.

5 男女各21名学生参加一次数学竞赛，已知

(i) 每名参赛者至多解对了6道题；

(ii) 对于每个女生和每名男生，二人至少解出了一道相同的题目.

求证有一道试题，至少有男女各三名学生都解出了这道题.

(2001年IMO 3题)

证1 若不然，则每道题都至多被2个男生解出或者至多被2个女生解出.

设 $A=\{A_1,A_2,\cdots,A_k\}$ 为至多被2个女生解出的所有题目的集合，$B=\{A_{k+1},A_{k+2},\cdots,A_{k+m}\}$ 为不在A中且至多被2个男生解出的所有题目的集合. 21名男生分别记为 $b_1,b_2,\cdots,b_{21}$，21名女生分别记为 $g_1,g_2,\cdots,g_{21}$. 又设共有 x_j 名学生解出 A_j 题，$j=1,2,\cdots,k+m$. 于是有

$$x_1+x_2+\cdots+x_{k+m}\leq 6\times 42=252.$$

因为在以下计数中没有男生或没有女生解出的题目不起作用，故不妨设每个题目都至少有男女各1名学生解出，从而有

$$x_j\geq 2,\quad j=1,2,\cdots,k+m.$$

当一个题目被一名男生和一名女生解出时，就称这两名学生为一个"同题对". 由(ii)知，至少有 $21^2=441$ 个"同题对". 另一方面，对于每个 A_j，由它导出的"同题对"至多为

$$\max\{(x_j-1)\times 1,(x_j-2)\times 2\}\leq 2x_j-3$$

个. 所以有

$$21^2\leq(2x_1-3)+(2x_2-3)+\cdots+(2x_{k+m}-3)$$

$$=2(x_1+x_2+\cdots+x_{k+m})-3(k+m)$$

$$\leqslant 2\times6\times42-3(k+m)，\quad k+m\leqslant21. \qquad ①$$

对每个固定的男生 b_i，在A中至多解出6题，而A中每题都至多有两名女生解出，由 b_i 导致的至少21个问题对中，至多有12个是由A中题目导出的，换句话说，至多9个问题对是由B中题目导出的，这表明 b_i 至少作出B中1个题目，但B中每个题目都至多被2名男生作出，所以全部21名男生共作出B中11个不同题目，所以 $m\geqslant11$，同理 $k\geqslant11$，从而有

$$k+m\geqslant22 \qquad ②$$

显然②与①矛盾。

模型法

证2 画一个 21×21 的方格表，每行代表一个男生，每列代表一个女生。由(ii)知，男生 b_i 与女生 g_j 至少共同解出1题，于是将这个题目的题号填入第 i 行 j 列的方格中，若二人共同解出的题目不止一题，则可从中任选一个题目来使用。这样，方格表中每个方格中都填了一个题目的号码。

由(i)知，每行方格所填入的21个题号至多有6种不同，故在21个方格中至少出现3次的题号所占方格的个数至少为 $21-5\times2=11$ 个，将所有这样的方格涂上红色，于是每行至少11个红格，整个表中至少 11×21 个红格，类似地，每列中至少出现3次的题号所占的方格也至少11个，将这些方格涂成蓝色，于是表中至少也有 11×21 个蓝格。

由于红格数与蓝格数之和大于表中方格总数，故必有1个方格既是红格又是蓝格，该方格中所填号码代表的题目就被男女至少各3名学生解出。

6　一次数学竞赛分为Ⅰ、Ⅱ两试，共有28个题目。每个参赛者都恰好解出了7个题目，每两题都恰好有两人解出。试证必有一个参赛者在第Ⅰ试中或者一道题也未解出或者至少解出4个题目。

（1984年美国数学奥林匹克）

证　一方面，28个题目可以组成 $C_{28}^2=14\times 27$ 个不同的"两题组"，每组两题恰有两人解出，共有 28×27 人次（包括重复计数）。另一方面，设共有 n 个人参赛，每人解出7道题，共解出 $C_7^2=21$ 个两题组。这就是说，在上述计数中，每个人恰被计数21次，从而有

$$21n=28\times 27,\quad n=36.$$

即共有36个人参加比赛。

其次，每道题恰出现在27个不同的"两题组"中，每组两题恰有两人解出，每题共有54人次解出。解出此题的人都解出包括此题在内的7题，共解出含此题的六个"两题组"。换句话说，每题在上述计数中恰被计数6次，从而解出每一个题目的人数都是9人。

设Ⅰ试中共有 m 个题目，若结论不成立，则每个参赛者在Ⅰ试中都或解出1题，或解出2题，或解出3题。设解出1题、2题、3题的人数分别是 x、y、z，于是有

$$x+y+z=36. \qquad ①$$

$$x+2y+3z=9m. \qquad ②$$

Ⅰ试中 m 道题中的每2题都恰被两人解出，显然，这两人只能是在Ⅰ试中解出2或3题的参赛者，故又有

$$y+3z=2C_m^2=m(m-1). \qquad ③$$

将①–③联立，[②–①]×3 – ③×2，得到

$$y=-2m^2+29m-108=-2\left(m-\frac{29}{4}\right)^2-\frac{23}{8}<0,$$

此不可能．这就完成了全部证明．

※7　一次考试共10道题，参赛者每人都作对了6道题，每两人作出的题目中都至多有3题相同，求参赛人数n的最大值.

解　设$S=\{1,2,3,\cdots,11\}$，则可以写出S的11个6元子集，两两之间均有3个公共元素如下：

$\{1,2,3,5,6,8\}$　$\{2,3,4,6,7,9\}$

$\{3,4,5,7,8,10\}$　$\{4,5,6,8,9,11\}$

$\{5,6,7,9,10,1\}$　$\{6,7,8,10,11,2\}$

$\{7,8,9,11,1,3\}$　$\{8,9,10,1,2,4\}$

$\{9,10,11,2,3,5\}$　$\{10,11,1,3,4,6\}$

$\{11,1,2,4,5,7\}$.

而且是"饱和"的，即不能再写另一个6元子集仍满足同样要求.

给10道试题编号为$1,2,\cdots,10$. 每人作对6道题即为$\{1,2,\cdots,10\}$的一个6元子集. 注意，上面11个6元子集中，有6个含有"11". 将这6个子集去掉，得到$\{1,2,\cdots,10\}$的5个6元子集如下：

$\{1,2,3,5,6,8\}$　$\{2,3,4,6,7,9\}$

$\{3,4,5,7,8,10\}$　$\{5,6,7,9,10,1\}$

$\{8,9,10,1,2,4\}$.

这表明人数n的最大值不小于5.

另一方面，若n的最大值等于6，则有$\{1,2,\cdots,10\}$的6个6元子集满足要求，由于6个子集中共有36个元素，它们都是$1,2,\cdots,10$. 当一个数属于两个不同的6元子集时，称为一个同数对. 不难看出，上面36个元素至少构成$6\times6+3\times4=48$个同数对. 但是6个6元子集只能构成C_6^2

=15个子集对．48个同数对分属于15个子集对，由抽屉原理知至少有4个同数对属于同一个子集对，即这两个子集至少有4个公共元素，矛盾．所以，满足要求的人数 n 不能不小于6．

综上可知，参赛人数最多5人．

※7′ 一次考试共12道试题，参赛者每人都作对了9题．每两人解出的题目中都至多有6题相同，求参赛人数的最大值．

解 设 $S=\{1,2,\cdots,13\}$，于是可用轮换排列法写出 S 的13个9元子集，两两之间均有6个公共元素如下：

√$\{1,2,3,4,5,6,8,10,11\}$ $\{2,3,4,5,6,7,9,11,12\}$√

$\{3,4,5,6,7,8,10,12,13\}$ $\{4,5,6,7,8,9,11,13,1\}$

√$\{5,6,7,8,9,10,12,1,2\}$ $\{6,7,8,9,10,11,13,2,3\}$

√$\{7,8,9,10,11,12,1,3,4\}$ $\{8,9,10,11,12,13,2,4,5\}$

$\{9,10,11,12,13,1,3,5,6\}$ $\{10,11,12,13,1,2,4,6,7\}$

$\{11,12,13,1,2,3,5,7,8\}$ $\{12,13,1,2,3,4,6,8,9\}$

$\{13,1,2,3,4,5,7,9,10\}$

将12道试题分别编号为 $1,2,\cdots,12$，每人作对9道题，即为 $S_1=\{1,2,3,\cdots,12\}$ 的一个9元子集，且两两之交至多6个元素．注意，上列的13个9元子集中，有9个子集中含有"13"，现在 S_1 的9元子集中没有"13"，将含有"13"的9个9元子集去掉，余下的4个9元子集都是 S_1 的子集：

$\{1,2,3,4,5,6,8,10,11\}$ $\{2,3,4,5,6,7,9,11,12\}$

$\{5,6,7,8,9,10,12,1,2\}$ $\{7,8,9,10,11,12,1,3,4\}$

这表明至少可以有4人参加考试.

若可以有5个人参加考试且满足题中要求，则有S的5个9元子集且两两之交至多6个元素.

这时，5个子集共有45个元素，不同元素12个. 因为

$$45=4\times12-3=4\times9+3\times3,$$

所以这45个元素中至少可形成

$$6\times9+3\times3=63$$

个"同数对". 这63个同数对分属于C_5^2个子集对. 由抽屉原理知必有一个子集对至少有7个同数对. 即这两个9元子集中至少有7个公共元素. 矛盾.

综上可知，最多有4人参加考试.

解2 用$1,2,\cdots,12$来代表12道题目并记$S=\{1,2,\cdots,12\}$，于是每人作出9题为S的9元子集，记为A_i，$i=1,2,\cdots,n$. $|A_i\cap A_j|\leq6$. 由容斥原理有

$$|A_i\cup A_j|=|A_i|+|A_j|-|A_i\cap A_j|\geq12, \quad A_i\cup A_j=S.$$

$\therefore A_i^c\cap A_j^c=\varnothing$，$\because |A_i^c|=3$，$|S|=12$，$\therefore n\leq4$.

下面的4个9元子集满足题中要求：

$\{1,2,3,4,5,6,7,8,9\}$ $\{1,2,3,4,5,6,10,11,12\}$

$\{1,2,3,7,8,9,10,11,12\}$ $\{4,5,6,7,8,9,10,11,12\}$

所以所求的最大值为4.　　　　(2011.5.5)

8　21人参加一次考试，试题共有15道是非题．阅卷后发现任何两人答对的试题中至少有一道是相同的．问答对人数最多的题最少有多少人答对？说明理由．（1995年中国集训队选拔考试3题）

解　若两人答对同一道题，便称这两人为一个"共题组"．因为任何两人都至少答对同一个题，故至少有 $C_{21}^2=210$ 个"共题组"．

如果每题至多有5人答对，则每题至多构成10个共题组，从而15个题至多可产生150个共题组，矛盾．如果每题至多有6人答对，则至多共可产生225个共题组．由此可知，所求的最小值不小于6．

若某人A至多答对3题，于是另20人都至少答对这3题之一．故由抽屉原理知，这3题中必有1题至少有8人答对，从而答对人数最多的题至少有8人答对．

若每人至少答对4题，则21人至少答对84题次．若每题至多有6人答对，则15题共有90人答对．由于 $90=21\times4+6$，所以恰好答对4题的人数至少为15，答对5题以上的人数至多为6．

设A答对4题：a_1，a_2，a_3，a_4．据已知，其余20人中每人至少答对这4题之一．又因每题至多有6人答对，故知其余20人可均分成4组，第i组的5人均答对a_i，而未答对另3题，$i=1,2,3,4$．这样一来，a_1，a_2，a_3，a_4这4个题目都恰有6人答对．由于至多有6人各至少答对5题，由抽屉原理知上述4组中总有一组的5人中至多有1人至少答对5题，而连同A在内的其余5人都答对4题．由上面推导知，这5人除了共同答对的一题以外，每人答对的另3题，共15题互不相同，这导致不同题目至少16道．此不可能．故知所求的最小值至少为7．

另一方面，按字典排列法或轮换排列法可以写出前13人的解题方案如下：

(1.2.3.4)	(1.2.5.7)
(1.5.6.7)	(2.3.6.8)
(1.8.9.10)	(3.4.7.9)
(1.11.12.13)	(4.5.8.10)
(2.5.8.11)	(5.6.9.11)
(2.6.9.12)	(6.7.10.12)
(2.7.10.13)	(7.8.11.13)
(3.5.9.13)	(8.9.12.1)
(3.6.10.11)	(9.10.13.2)
(3.7.8.12)	(10.11.1.3)
(4.5.10.12)	(11.12.2.4)
(4.6.8.13)	(12.13.3.5)
(4.7.9.11)	(13.1.4.6)

注意，这13个人中每两人所作的题中恰有1题相同，且每题恰被4人解出。将后8组各重复一次，每题至多3人解出，21组放在一起，每题最多有7人解出。

综上可知，所求的最小值为7.

8′ 若将21人改为22人，其它条件均不变，结果又如何？

解 （1）若有一人A只作对4题，则其余21人每人均作对这4

题之一．由抽屉原理知，4题中必有一题被所21人中的至少6人作对．加上A至少7人作对此题．可见，这时答对人数最多的题目至少被7人答对．

(2) 若每人至少作对5题，则22人至少答对110题，不同题目共15题，由抽屉原理知，这时答对人数最多的题目至少被8人答对．

由(1)和(2)可知，无论哪种情形，答对人数最多的试题至少被7人答对．

对于左边的例子，将前9组重复一次，则每两组交集非空且每个元素至多出现7次．

综上可知，答对人数最多的试题最少有7人答对．

9 一次考试中共有49名学生解答3道试题，每题的得分都是0到7的整数。求证必有两名学生A和B，使对每道题目，A的得分都不少于B的得分。(1988年IMO候选题)

证 当一名学生的前两题的得分分别为i，j时，令他对应于平面上的一个整点(i,j)，$0\leq i,j\leq 7$。如果存在两名学生对应于同一整点，则问题就解决了，故以下设49名学生所对应的整点互不相同。

令

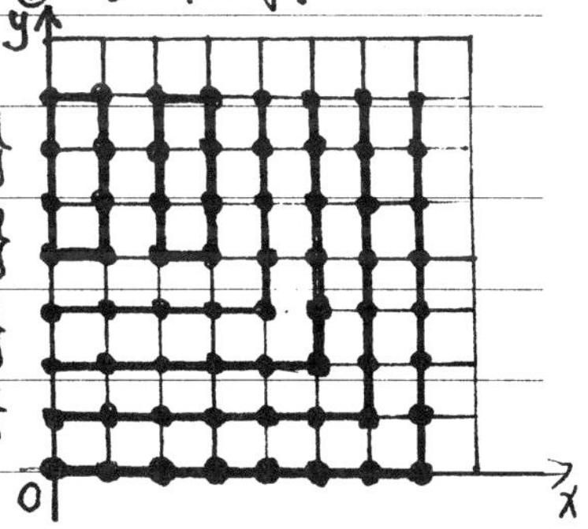

$M_1=\{(i,j)\mid 0\leq i\leq 7,\ j=0 和 i=7,\ 1\leq j\leq 7\}$

$M_2=\{(i,j)\mid 0\leq i\leq 6,\ j=1 或 i=6,\ 2\leq j\leq 7\}$

$M_3=\{(i,j)\mid 0\leq i\leq 5,\ j=2 或 i=5,\ 3\leq j\leq 7\}$

$M_4=\{(i,j)\mid 0\leq i\leq 4,\ j=3 或 i=4,\ 4\leq j\leq 7\}$

$M_5=\{(i,j)\mid i=0,1;\ 4\leq j\leq 7\}$

$M_6=\{(i,j)\mid i=2,3;\ 4\leq j\leq 7\}$.

49个整点分别属于上列6个集合，由抽屉原理知其中必有一个集合中至少有9个整点。因为$|M_5|=|M_6|=8$，所以至少含9个整点的集合必为前4个之一，记为M。

M中含有9个整点，考察它们第3题的得分，由于分值只有8种不同，故9点中必有两点所对应的人第3题得分相同。显然，这两名学生的得分满足题中的要求。

※10 一班学生参加一次考试，共有3道选择题，每题4个选择支。已知一组学生的答案具有性质P：任何两人的答案都至多一题答案相同。而只要将这组学生再另外加一人，则无论这人答案如何，性质P都不再成立。问这组学生最少有多少人？说明理由。

解 用0，1，2，3来代表每题的4个选择支，于是每人的答案对应于坐标空间中的一个整点(x,y,z)，其中$x,y,z\in\{0,1,2,3\}$。显然，这些整点都在第1卦限中以原点为一个顶点的$3\times3\times3$的正方体中。

我们将正方体中按z轴方向有结点的4个平面分别画出来：

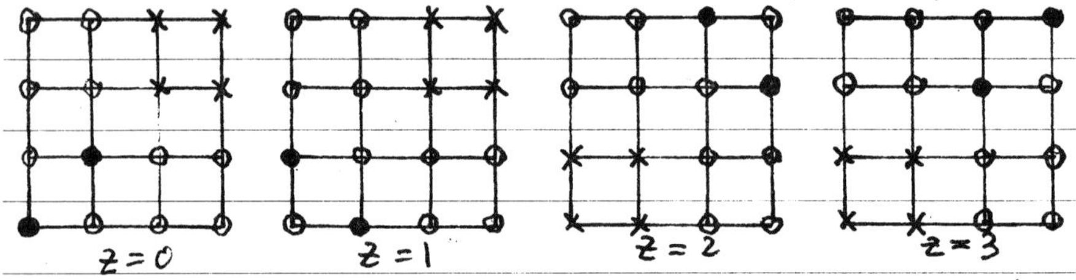

我们约定，当两个整点(x,y,z)和(a,b,c)有两个坐标分别相同，即3个等式$x=a$，$y=b$，$z=c$中至少两个成立时，就称一个覆盖了另一个。于是问题化为求n个整点能全部覆盖住这64个整点。下列8个整点

$(0,0,0)$，$(1,1,0)$，$(0,1,1)$，$(1,0,1)$，

$(2,3,2)$，$(3,2,2)$，$(2,2,3)$，$(3,3,3)$，

就覆盖了全部64个整点。表中8个黑点表示上列8点，同表中以圈的10个白点即为两个黑点所覆盖。每个表中画×的4点未能被本层面的黑点覆盖，但前两个表的×点，恰被后两个表的4个黑点分别覆盖，而后两个表的×点，则又被前两个表的4个黑点分别覆盖。所以满足题中要求，即所求的答案不大于8。

若有一组参赛学生至多7人，则他们答案对应的不同整点至多7个。这7个整点分属于4层。由抽屉原理知，4层中必有一层至多有一个整点（即前面的黑点）。它只能覆盖同行或同列的另6个整点，余下的9个整点都要指望来自另3个层面的覆盖。但另3个层面至多7个黑点，无法盖住前述的9点（这时每个黑点只能盖住一个整点）。所以，当令一个学生的答案对应于未被盖住的整点时，加入后不再具有性质P。因此本段开头的7人组不满足题中要求。

综上可知，这样一组学生最少8人。

11　一次数学竞赛共有 n 道试题，考试结果满足下列条件（$n\geq 4$）：

（i）每道题目都恰有4人解对；

（ii）每两道题都恰有1人同时解对.

求最小自然数 n，使当参赛人数不少于4人时，总有一人解对了全部试题.

（第15届韩国数学奥林匹克竞试题）

解　当 $n=13$ 时，用 $p_1,p_2,\cdots,p_{13}$ 代表13个题目，并将13人编号为1，2，…，13. 设解题状态如下：

p_1：{1，2，5，7}　　p_8：{8，9，12，1}

p_2：{2，3，6，8}　　p_9：{9，10，13，2}

p_3：{3，4，7，9}　　p_{10}：{10，11，1，3}

p_4：{4，5，8，10}　　p_{11}：{11，12，2，4}

p_5：{5，6，9，11}　　p_{12}：{12，13，3，5}

p_6：{6，7，10，12}　　p_{13}：{13，1，4，6}.

p_7：{7，8，11，13}

显然，这一结果满足条件（i）和（ii），但并无一人解对全部试题. 所以 $n=13$ 不满足题中要求，故所求的最小自然数 n 不小于14（显然，当题数少于13时，只要把后面 n 题连同相应的4人组划掉就是反例）.

当 $n=14$ 时，用 $p_0,p_1,p_2,\cdots,p_{13}$ 代表这14个题目. 设参赛人数也是14（当多于14时，可设多于14的那些人均是一题也未做对）. 从14题中任取1题，不妨设为 p_0. 解对 p_0 的4人组为 $\{h,i,j,k\}$. 对于另13题中每个题 p_i，$\{p_0,p_i\}$ 恰有1人作对. 因此 p_i 所对应的四人组中必恰含有 h,i,j,k 之一. 所以，h,i,j,k 在后面的13个四人组中各有1人1次出现，共出现13次，由抽屉原理知，h，i，j，k 4人中总有1人 i_0 至少出现4次，如上 i_0 也作对了 p_0，i_0 至少作对5题，不妨设为 p_0，p_1，p_2，p_3，p_4，对于异于 $\{p_0, p_1, p_2, p_3, p_4\}$ 的任一道题 p'，设它所对应的4人组为 $\{h', i', j', k'\}$，于是由(ii)知 p_0，p_1，p_2，p_3，p_4 所分别对应的4人组中均含 h'，i'，j'，k' 之一，共出现5次，由抽屉原理知 h'，i'，j'，k' 中总有一人至少出现两次，不妨设此人为 i_0'，这样一来 i_0 和 i_0' 都解对了 p_0，p_1，p_2，p_3，p_4 中的相同两题，由(ii)知，i_0 与 i_0' 为同一人，再由 p' 的任意性知 i_0 解对了全部试题。

而且当参赛人数不小于 $4n$ 时，确实可以排出一人解对全部试题的结果表格，这时，对任何两题恰有一人解对的人都是解对全部试题的人A，从而其他 $3n$ 个人分成 n 组，每组3人解对1个题目，而其他人则是一题亦未解对。

综上可知，所求的最小自然数 $n=14$。

注　题中要求的人数 $\geq 4n$ 可以改为 $\geq 3n+1$。

12※ 12名学生参加一次考试，共有n道是非题，考试的结果满足下列条件：

(i) 每人都恰好答对6题；

(ii) 每道试题都至少有1人答对，至多有4人答对；

(iii) 每两人都至少答对了同一道题目。

求试题数目n的最小值和最大值。

解 据已知，12名学生每人答对6题，共答对72题次，每题至多有4人答对，至少有18道试题。

按第2轮换排列法可以写出下列12个四元子集，两两之间恰有一个公共元素

$$\begin{matrix}\{1,2,5,7\} & \{2,3,6,8\} & \{3,4,7,9\} & \{4,5,8,10\} \\ \{5,6,9,11\} & \{6,7,10,12\} & \{7,8,11,13\} & \{8,9,12,1\} \\ \{9,10,13,2\} & \{10,11,1,3\} & \{11,12,2,4\} & \{12,13,3,5\}.\end{matrix} \quad ①$$

或

$$\begin{matrix}\{1,2,5,7\} & \{2,3,6,8\} & \{3,4,7,9\} & \{4,5,8,10\} \\ \{5,6,9,11\} & \{6,7,10,12\} & \{7,8,11,1\} & \{8,9,12,2\} \\ \{9,10,1,3\} & \{10,11,2,4\} & \{11,12,3,5\} & \{12,1,4,6\}.\end{matrix} \quad ②$$

然后每个四元子集中各补入两个题号，使每题都恰好出现4次，且使条件(i)—(iii)同时成立：

$$\begin{matrix}\{1,2,5,7,13,14\} & \{2,3,6,8,1,15\} & \{3,4,7,9,6,16\} & \{4,5,8,10,6,17\} \\ \{5,6,9,11,18,14\} & \{6,7,10,12,15,16\} & \{7,8,11,13,17,18\} & \{8,9,12,1,14,15\} \\ \{9,10,13,2,16,17\} & \{10,11,1,3,18,14\} & \{11,12,2,4,15,16\} & \{12,13,3,5,17,18\}.\end{matrix}$$

或由②类似得到

$\{1,2,5,7,13,14\}\{2,3,6,8,13,14\}\{3,4,7,9,14,15\}\{4,5,8,10,14,15\}$

$\{5,6,9,11,15,16\}\{6,7,10,12,15,16\}\{7,8,11,1,16,17\}\{8,9,12,2,16,17\}$

$\{9,10,1,3,17,18\}\{10,11,2,4,17,18\}\{11,12,3,5,18,13\}\{12,1,4,6,18,13\}$.

这表明题目个数n的最小值为18.

另一方面,对上述的轮换排列法进行改造,又有

$\{1,2,5,7,14,15\}\{2,3,6,8,16,17\}\{3,4,7,9,18,19\}\{4,5,8,10,20,21\}$

$\{5,6,9,11,22,23\}\{6,7,10,12,24,25\}\{7,8,11,13,26,27\}\{8,9,12,1,28,29\}$

$\{9,10,13,2,30,31\}\{10,11,1,3,32,33\}\{11,12,2,4,34,35\}\{12,13,3,5,36,37\}$.

由于这12个六元子集中的各前4元中已经两两之间都有1个公共元素,当然满足条件(i)—(iii),所以n的最大值不小于37.

设$n\geqslant 38$,分别被1人、2人、3人、4人答对的题目个数依次为x_1,x_2,x_3,x_4,于是有

$$4x_4+3x_3+2x_2+x_1=72, \quad ③$$

$$x_4+x_3+x_2+x_1\geqslant 38. \quad ④$$

两人作对同一个题目称为一个"同题对",对此换序求和,又有

$$6x_4+3x_3+x_2\geqslant C_{12}^2=66. \quad ⑤$$

⑤+④-③,得到

$$3x_4+x_3\geqslant 32. \quad ⑥$$

③-④-⑥,又得

$$x_3+x_2\leqslant 2 \quad ⑦$$

③-④,得

$$3x_4+2x_3+x_2\leqslant 34,\quad 3x_4\leqslant 34,\quad x_4\leqslant 11. \qquad ⑧$$

⑧+⑦

$$x_4+x_3+x_2\leqslant 13. \qquad ⑨$$

④-⑨得 $x_1\geqslant 25$. 这表明，只有一人解对的题目至少有25个. 它们分属于12个子集，由抽屉原理知必有一个六元子集中至少有3个单元(只被1人解对的题目). 记这个六元子集为A. 由于A中另3元至多只能在另11个子集出现3次，共9次. 所以A至少与另11个子集中的2个没有公共元素. 此与条件(iii)矛盾.

综上可知，所求的试题个数n的最大值为37.

五 均匀排列法

均匀排列法是比字典排列法和轮换排列法差一些的一种经常使用的原则和方法.通常可分为出现次数均匀与取值均匀两种.在举例时经常用到.

（一）在多个子集中出现次数均匀

1. 8位歌手参加一次艺术节，准备为他们安排 m 场演出，每场由其中4位登台演出.要求8位歌手中任意两位同场演出的次数都同样多，请设计一种方案，使得演出的次数最少.（1996年中国数学奥林匹克4题）

解 设任意两位歌手都同时演出 r 次，于是8人共演出 rC_8^2 次.另一方面，m 场演出共有 mC_4^2 对歌手同场演出，故有

$$mC_4^2=rC_8^2,\quad 6m=28r,\quad 3m=14r.$$

所以有 $14\mid m$.

将8位歌手分别编号为1，2，…，8，并安排14场演出的出场人员如下：

$\{1,2,3,4\}$，$\{5,6,7,8\}$，$\{1,2,5,6\}$，$\{3,4,7,8\}$，

$\{1,2,7,8\}$，$\{3,4,5,6\}$，$\{1,3,5,7\}$，$\{2,4,6,8\}$，

$\{1,3,6,8\}$，$\{2,4,5,7\}$，$\{1,4,5,8\}$，$\{2,3,6,7\}$，

$\{1,4,6,7\}$，$\{2,3,5,8\}$.

综上可知，最少演出14场.

注 构造例子时，轮换排列和字典排列都不好用，故均匀原则是始终要遵循的.故可称之为"均匀排列法".字典排列法可用.见后边的详细说明.

$\{1,2,4,8\}\{2,3,5,8\}\{3,4,6,8\}\{4,5,7,8\}\{5,6,1,8\}\{6,7,2,8\}\{7,1,3,8\}$

$\{3,5,6,7\}\{4,6,7,1\}\{5,7,1,2\}\{6,1,2,3\}\{7,2,3,4\}\{1,3,4,5\}\{2,4,5,6\}$.

2 将第1题中的8人改为10人，求解同样的问题．

解 设任意两位歌手都同场演出 r 次，于是10人共演出 rC_{10}^2 次．另一方面，m 场演出共有 mC_4^2 对歌手同场演出，故有

$$mC_4^2=rC_{10}^2,\quad 6m=45r,\quad 2m=15r.$$

因此有 $15\mid m$.

若 $m=15$，则 $r=2$，即每两人同场演出2次．每人与另9人共同场演出18场次．每场每人与另3人各同场演出一次，故每人演出6场．于是按均匀排列法可以写出15场演出如下：

{1, 2, 3, 4} {1, 5, 6, 7} {1, 8, 9, 10}
{1, 2, 5, 8} {1, 3, 6, 9} {1, 4, 7, 10}
{2, 3, 7, 10} {2, 5, 6, 10} {2, 4, 6, 9}
{2, 7, 8, 9} {3, 4, 5, 8} {3, 5, 7, 9}
{3, 6, 8, 10} {4, 5, 9, 10} {4, 6, 7, 8}．

这15场安排满足题中要求．

综上可知，最少演出15场．

注 题中条件要求比较均衡时，宜于采用均匀排列法．实际上，字典排列与轮换排列也是均匀排列，而且是更强的均匀排列．上述排列可改为字典排列：{1, 2, 3, 4} {1, 5, 6, 7} {1, 8, 9, 10}
{1, 2, 5, 8} {1, 3, 6, 9} {1, 4, 7, 10}
{3, 4, 5, 8} {2, 4, 6, 9} {2, 3, 7, 10}
{2, 5, 6, 10} {2, 7, 8, 9} {3, 5, 7, 9}
{3, 6, 8, 10} {4, 5, 9, 10} {4, 6, 7, 8}．

1题注2．当$m=14$时，$r=3$．即每个数对出现恰3次．8个数共有$C_8^2=28$对，所有数对共出场84次．每个数对出现在3个场对中，共出现在84个场对中，14场共可组成$C_{14}^2=91$个场对．即使每两场至多1个场对，也还有7个场对没有相同数对．每场4人出场只有6个数对，各在另两场出现也只能在12场，与第13场没有同样数对，故可互补，于是按互补两数相同可以按字典排列法写出：

{1,2,3,4}，{5,6,7,8}，

{1,2,5,6}，{3,4,7,8}，

{1,2,7,8}，{3,4,5,6}，

{1,3,5,7}，{2,4,6,8}，

{1,3,6,8}，{2,4,5,7}，

{1,4,5,8}，{2,3,6,7}，

{1,4,6,7}，{2,3,5,8}．

注意，此与前面的均匀排列法完全一致．

2题注2．字典排列法

{1,2,3,4}{1,2,5,6}{1,3,7,8}{1,4,9,10}{1,5,7,9}{1,6,8,10}

{2,3,8,9}{2,4,7,10}{2,5,8,10}{2,6,7,9}

{3,4,5,6}{3,5,7,10}{3,6,9,10}{4,5,8,9}{4,6,7,8}

3 设$M=\{1,2,\cdots,9\}$，$A_1,A_2,\cdots,A_k$都是M的5元子集且M中任何元素对(i,j)至多在两个子集$A_l,A_n(1\leq l<n\leq k)$中出现，求k的最大值。

解 注意，对每个$i\in M$，包含i的不同元素对共有8个：(i,m)，$m\in M$，$m\neq i$。每对至多属于两个A_j，故所有A_j中，至多包含16个含i的元素对。另一方面，若$i\in A_j$，则A_j中共含4个不同的含i元素对。设i属于d_i个A_j，于是

$$4d_i\leq 16,\ d_i\leq 4,\ i=1,2,\cdots,9.$$

即每个$i\in M$至多在$A_1,A_2,\cdots,A_k$中的4个集中出现。所以

$$5k=d_1+d_2+\cdots+d_9\leq 36,\ k\leq 7.$$

设k的最大值为7，即有7个5元集$A_1,A_2,\cdots,A_7$满足题中要求。于是$d_1+d_2+\cdots+d_7=35$。由抽屉原理知存在$i\in M$，在7个子集中至多出现3次而其他元素至多出现4次。所以i恰出现3次、而另8个元素各出现4次。不妨设$i=1$，即1出现3次而另8个元素$2,3,\cdots,9$各出现4次。

注意，若$j\in M$在诸A_k中恰出现4次，则4个集合中除j之外尚共有其他元素16个，而其它元素共8个，所以必各出现两次，即含j元素对都恰各出现两次。这导致含1的元素对也各出现两次。但1只出现在3个5元集中，含1元素对共12个，不可能各出现两次，矛盾。所以k的最大值不可能为7，只可能不大于6。

另一方面，按均匀排列法可以写出下列6个五元子集：

$\{1,2,4,5,6\}\{1,2,7,8,9\}$

$\{1,3,4,8,9\}\{1,3,5,6,7\}$

$\{2,3,4,6,8\}\{2,3,5,7,9\}$，

容易验证，这6个五元子集满足题中要求.

综上可知，所求的k的最大值为6.

注 解中给出的"平均排列法"的例子不是唯一的，例如还可以写成下列6个：

$\{1,2,4,5,6\}$ $\{1,2,4,7,8\}$

$\{1,3,5,7,9\}$ $\{1,3,6,8,9\}$

$\{2,3,4,5,6\}$ $\{2,3,7,8,9\}$.

不难看出，这里带有字典排列法的应用.

此外，还可改造成双轮换排列法，即前面三数由$\{1,2,3\}$轮换而后3数由$\{4,5,6,7,8,9\}$轮换：

$\{1,2,4,5,6\}$ $\{2,3,5,6,7\}$

$\{3,1,6,7,8\}$ $\{1,2,7,8,9\}$

$\{2,3,8,9,4\}$ $\{3,1,9,4,5\}$.

还可以改换次序而写成：

$\{1,2,4,5,6\}$ $\{2,3,5,6,7\}$ $\{1,3,6,7,8\}$

$\{1,2,7,8,9\}$ $\{2,3,8,9,4\}$ $\{1,3,9,4,5\}$.

这样更易看清满足题中要求.

4　设$M=\{1,2,\cdots,10\}$，$A_1,A_2,\cdots,A_k$都是M的5元子集且满足条件：M中任何一个元素对至多在两个子集A_i与A_j中出现，求k的最大值。

解　不难看出，对每个$i\in M$，包含i的不同元素对共9个，每对至多属于两个子集A_{i_1}，A_{i_2}，故所有A_j中至多含有18个含i元素对。另一方面，若$i\in A_j$，则A_j中恰含4个含i元素对。设i属于d_i个A_j，于是有

$$4d_i\leqslant 18,\ d_i\leqslant 4,\ i=1,2,\cdots,10,$$

即每个$i\in M$至多在4个A_j中出现。从而

$$5k=d_1+d_2+\cdots+d_{10}\leqslant 40,\ k\leqslant 8.$$

下面来构造$k=8$的例子，即8个五元子集。首先令$M_1=\{1,2,\cdots,6\}$，构造M_1的8个三元子集，使M_1的每对元素至多在其中两个集中出现

$$\{1,2,3\}\{4,5,6\}\{1,2,4\}\{3,5,6\}$$
$$\{1,3,5\}\{2,4,6\}\{1,4,5\}\{2,3,6\}$$

将第1行前两集加入$\{7,9\}$，后两集加入$\{7,10\}$，第2行前两集加入$\{8,9\}$，后两集加入$\{8,10\}$，得到8个五元子集：

$$\{1,2,3,7,9\}\{4,5,6,7,9\}\{1,2,4,7,10\}\{3,5,6,7,10\}$$
$$\{1,3,5,8,9\}\{2,4,6,8,9\}\{1,4,5,8,10\}\{2,3,6,8,10\}.$$

容易验证，这8个五元子集满足题中要求。

综上可知，k的最大值为8.

注　本题的构造法，可以认为是"累次构造法"。本题为2003年集训队训练题。

本题的例子还可用$M_2=\{1,2,\cdots,8\}$的8个四元子集分别加9或10来得：

{1.2.3.4} {5.6.7.8}，{1.2.5.6} {3.4.7.8} + 9

{1.3.5.7} {1.4.6.7}，{2.3.6.8} {2.4.5.8} +10 .

也可以看是"均匀排列法"和"集合构造法"。

（接下页）还可按轮换排出如下： 2008.2.27

{1.2.4.7} {2.3.5.8} {3.1.6.9}

后8个元素可写成{4.5.6.11.7.8.9.10}的顺序轮换而得

{4.5.11}{5.6.7}{6.11.8}{11.7.9}{7.8.10}{8.9.4}{9.10.5}{10.4.6}

于是可配成

{1.2.4.7}{5.9.10}{6.8.11}

{2.3.5.8}{4.6.10}{7.9.11}

{3.1.6.9}{4.5.11}{7.8.10}.

注意，这8个三元子集两两有一个公共元素且不出现表时(4.7)、(5.8)(6.9)、以两子成4时，每两个子集不交

（接右页）按字典排列可排出

{1.2.3.4} {5.6.7} {8.9.10}

{1.5.8.11} {2.6.9} {3.7.10}

{2.5.9.11} {3.7.8} {4.6.10}；

或先排4人组可得

{1.2.3.4} {6.8.10} {7.9.11}

{1.5.6.7} {3.9.10} {4.8.11}

{2.5.8.9} {3.6.11} {4.7.10}；

※5 某厂护卫队共有n个人，每天派出3组人分别到3处值班站岗，其中一组4人，另两组各3人。要求在连续m天值班过程中，满足条件：

(i) 任何两人至多同组值班一天；

(ii) 每个人都与其余人中的半数以上（多于半数）同组值过班；

(iii) 每两个不同值班组中至多1人相同。

求人数n的最小值。

解 设第1天值班的10人是

(1, 2, 3, 4) (5, 6, 7) (8, 9, 10).

第2天的4人组中可有第1天的3组中至多各1人，所以4人中至少有1人是新的，于是$n\geqslant 11$.

若$n=11$，则每人都要至少与另外6人同组值过班，于11人共与66人次同组值过班。此外，每天10人分3组值班，共产生24个同组值班人，故$m=2$不够，$m\geqslant 3$。3天共30人次值班，11人中8人共值班3次，另3人各2次，只能在4人组值班

另一方面，当$n=11$，$m=3$时，可用如下排列作写出

(1, 2, 3, 4) (6, 8, 10) (7, 9, 11)

(1, 5, 6, 7) (3, 9, 10) (4, 8, 11)

(2, 5, 8, 9) (4, 7, 10) (3, 6, 11).

易见，其中1, 2, 5各在4人组值班两次，各有6个同组值班人；3, 4, 6, 7, 8, 9各值班3次，各与7人同组值过班；10, 11各在3人组值班3次，各与6人同组值过班，满足题中要求。

综上可知，n的最小值为11.

{1, 2, 4, 7} {6, 8, 10} {5, 9, 11}
{2, 3, 5, 8} {4, 9, 10} {6, 7, 11}
{3, 1, 6, 9} {5, 7, 10} {4, 8, 11}

试 6　某厂护卫队共有 n 人，每天派出两组人各 4 人分别在两处值班．要求在连续 m 天中使得每两人恰好同组值班一天，求 n 的最小值．

解　由对称性知可设每人值班 j 天，每天与 3 人同组值班且每两人同组值班恰为 1 次，故 $n=3j+1$．连续 m 天值班总人次为

$$j(3j+1)=jn=8m.$$

所以有

$$8\mid j(3j+1).$$

解得 $j=5,8,13,16,\cdots$

当 $j=5$ 时，$n=3j+1=16$，$m=2j=10$．于是可用均匀排列法构造值班程序如下：

(1.2.3.4)(5.6.7.8)；(9.10.11.12)(13.14.15.16)；

(1.5.9.13)(2.6.10.14)；(3.7.11.15)(4.8.12.16)；

(1.6.12.15)(2.5.11.16)；(3.8.10.13)(4.7.9.14)；

(1.7.10.16)(2.8.9.15)；(3.5.12.14)(4.6.11.13)；

(1.8.11.14)(2.7.12.13)；(3.6.9.16)(4.5.10.15)．

综上可知，n 的最小值为 16．

注　题中的"每天两组各 4 人"可以改为"每天 4 组各 4 人"，其他条件不变，则结论不变．

※7 设 $S=\{1,2,\cdots,9\}$，$A_1,A_2,\cdots,A_k$ 都是 S 的子集且满足

(i) $|A_i|=4$，$i=1,2,\cdots,k$；

(ii) $|A_i\cap A_j|\leq 2$，$1\leq i<j\leq k$.

求 k 的最大值.

解 按均匀排列法可以写出如下 18 个 4 元子集：

$\{1,2,4,5\}\{1,2,6,7\}\{1,2,8,9\}\{1,3,4,6\}$

$\{1,3,5,8\}\{1,3,7,9\}\{1,4,7,8\}\{1,5,6,9\}$，

$\{2,3,4,7\}\{2,3,5,9\}\{2,3,6,8\}\{2,5,7,8\}\{2,4,6,9\}$

$\{3,4,8,9\}\{3,5,6,7\}\{4,5,6,8\}\{4,5,7,9\}\{6,7,8,9\}$.

容易看出，这 18 个 4 元子集满足条件(ii)，所以所求的 k 的最大值不小于 18.

另一方面，注意 $C_9^2=36$，即 S 中共含有 36 个不同数对. 显然，每个数对至多属于 3 个 A_i，所以这 k 个集合中至多包含 $36\times3=108$ 个数对. 但每个 4 元集恰含 $C_4^2=6$ 个数对，所以 $k\leq18$.

综上可知，所求的 k 的最大值为 18.

注 题中的例子也可以由双轮换排列法给出：

$\{1,2,3,5\}\{2,3,4,6\}\{3,4,5,7\}\{4,5,6,8\}\{5,6,7,9\}$

$\{6,7,8,1\}\{7,8,9,2\}\{8,9,1,3\}\{9,1,2,4\}$，

$\{1,4,6,9\}\{2,5,7,1\}\{3,6,8,2\}\{4,7,9,3\}\{5,8,1,4\}$

$\{6,9,2,5\}\{7,1,3,6\}\{8,2,4,7\}\{9,3,5,8\}$.

8　设 $S=\{1,2,\cdots,27\}$，$A_1,A_2,\cdots,A_k$ 都是 S 的子集且满足

(i) $|A_i|=6$，$i=1,2,\cdots,k$；

(ii) $|A_i\cap A_j|\leqslant 1$，$1\leqslant i<j\leqslant k$.

求集合个数 k 的最大可能值.

解　若有14个子集满足(i)和(ii)，则14个子集中共有84个元素. 因为 $|S|=27$，$84=27\times3+3$，所以尽量平均地分布(这时同数对最少)应是有3个元素各出现4次，余下的23个元素各出现3次，导致 $6\times3+3\times24=90$ 个"同数对"，而14个子集可组成 $C_{14}^2=7\times13=91$ 个子集对，没有矛盾.

若有 S 的15个子集满足(i)和(ii)，则15个子集共有90个元素，最少导致 $6\times9+3\times18=108$ 个同数对，而15个子集可以组成 $C_{15}^2=15\times7=105$ 个"子集对". 由抽屉原理知必有两个同数对属于同一个子集对，即这个子集对中的两个子集至少有两个公共元素，此与(ii)矛盾.

下面我们用均匀排列法来构造14个子集：

$\{1,4,5,6,7,8\}$　$\{2,4,9,14,19,24\}$　$\{3,8,10,14,22,26\}$

$\{1,9,10,11,12,13\}$　$\{2,5,10,15,20,25\}$　$\{3,4,13,16,20,27\}$

$\{1,14,15,16,17,18\}$　$\{2,6,11,16,21,26\}$　$\{3,6,12,18,19,25\}$

$\{1,19,20,21,22,23\}$　$\{2,7,12,17,22,27\}$　$\{3,7,11,15,23,24\}$

$\{8,13,17,21,24,25\}$　$\{5,9,18,23,26,27\}$.

综上可知，k 的最大可能值为14.

9　设 $S=\{1,2,\cdots,15\}$，$A_1,A_2,\cdots,A_k$ 都是 S 的子集且满足

(i) $|A_i|=5$，$i=1,2,\cdots,k$；

(ii) $|A_i\cap A_j|\leq 1$，$1\leq i<j\leq k$.

求子集个数 k 的最小值.

解　易知，$a\in S$ 至多属于3个子集. 若这样的 a 存在，设为

$\{a,b,c,d,e\}\{a,f,g,h,i\}\{a,j,k,l,m\}$.

由(ii)知这3个子集中除 a 之外的12个元素互不相同. 由此可知，S 中的15个元素未在这3个子集中出现的只有两个，故只能再有1个这元子集. 所以 $k\leq 4$.

若 S 中的每个元素在 k 个子集中都只出现至多两次，则由字典排列法有

$\{1,2,3,4,5\}\{1,6,7,8,9\}\{2,6,10,11,12\}$

$\{3,7,10,13,14\}\{4,8,11,13,15\}\{5,9,12,14,15\}$.

综上可知，所求的 k 的最大值为6.

注　本题的例子还可以利用

$\{1,3,8,9,12\}\{2,4,9,10,13\}\{3,5,10,11,14\}\{4,6,11,12,15\}$

并注意在每个元素出现两次的前提下，另两个子集的元素应为1，2，5，6，7，7，8，13，14，15. 恰可将前5元与后5元各组成一个子集，即为

$\{1,2,5,6,7\}\{7,8,13,14,15\}$.

10　设 $S=\{1,2,\cdots,16\}$，$A_1,A_2,\cdots,A_k$ 都是 S 的子集且满足

(i) $|A_i|=5$，$i=1,2,\cdots,k$；

(ii) $|A_i\cap A_j|\leqslant 1$，$1\leqslant i<j\leqslant k$.

求 k 的最大值.

解　按均匀排列可以写出

$\{1,2,3,4,5\}\{6,7,8,9,10\}\{1,6,11,12,13\}$

$\{2,7,11,14,15\}\{3,8,12,14,16\}\{4,9,13,15,16\}$.

容易验证这6个五元子集满足题中要求，所以 k 的最大值不小于6.

另一方面，若有7个五元子集满足题中要求，则7个子集共有35个元素，而 $|S|=16$，故由抽屉原理知必有 $a\in S$，a 在至少3个子集中出现，不妨设有

$\{1,2,3,4,5\}$ $\{1,6,7,8,9\}$ $\{1,10,11,12,13\}$.

显然3个子集中共有13个不同元素，只有14，15，16未在这3个子集中出现. 记 $T=\{14,15,16\}$. 除了这3个五元子集，另外4个五元子集中的每个子集的5个元素中都必须从 T 中取一个元素对，4个子集应有4个 T 的元素对互不相同. 但 T 中只有3个不同元素对，矛盾.

综上可知，所求的 k 的最大值为6.

注　开头的6个五元子集也可按字典排列序写出如下：

$\{1,2,3,4,5\}\{1,6,7,8,9\}\{1,10,11,12,13\}$

$\{2,6,10,14,15\}\{3,7,11,14,16\}\{4,8,12,15,16\}$.

11 设 $S=\{1,2,\cdots,17\}$，$A_1,A_2,\cdots,A_k$ 都是 S 的子集且满足

(i) $|A_i|=5$，$i=1,2,\cdots,k$；

(ii) $|A_i\cap A_j|\le 1$，$1\le i<j\le k$.

求 k 的最大值.

解 按均匀排列法可以写出下列 7 个五元子集：

$\{1,2,3,4,5\}\{6,7,8,9,10\}\{1,6,11,12,14\}\{2,7,12,13,15\}$

$\{3,8,13,14,16\}\{4,9,14,15,17\}\{5,10,15,16,11\}$.

这表明所求的 k 的最大值不小于 7.

另一方面，若有 8 个五元子集满足题中要求，则 8 个子集共有 40 个元素，其中至多 17 个不同，于是由抽屉原理知必有 S 中元素至少出现 3 次. 但若有 $a\in S$ 出现 4 次，则又只能有 4 个五元子集，所以每元素至多出现 3 次. 最平均情形是 6 个元素各出现 3 次，另 11 个各属于两个五元子集. 这时构成 29 个"同数对". 但 8 个子集共可构成 $C_8^2=28$ 个子集对，故由抽屉原理知有两个同数对属于同一个子集对，即这两个子集至少有两个公共元素，此与(ii)矛盾.

注 证明中的例子也可改用字典排列法写出

$\{1,2,3,4,5\}\{1,6,7,8,9\}\{1,10,11,12,13\}$

$\{2,6,10,14,15\}\{3,7,11,14,16\}\{4,8,12,14,17\}\{5,10,13,15,16\}$.

六 分组构造法

例1 设有16支球队参加联赛，联赛按单循环制进行。试排出一个可行的比赛程序，使得上赛季的前4名都在后3轮中相逢。

解 将16支球队分别编号为1，2，…，16，其中1，2，3，4即为上赛季的前4名。分成两组：

{1，2，3，4，5，6，7，8}，{9，10，11，12，13，14，15，16}。

将两组进行轮换对抗共可进行8轮：

(1，9)(2，10)(3，11)(4，12)(5，13)(6，14)(7，15)(8，16)

(1，10)(2，11)(3，12)(4，13)(5，14)(6，15)(7，16)(8，9)

(1，11)(2，12)(3，13)(4，14)(5，15)(6，16)(7，9)(8，10)

(1，12)(2，13)(3，14)(4，15)(5，16)(6，9)(7，10)(8，11)

(1，13)(2，14)(3，15)(4，16)(5，9)(6，10)(7，11)(8，12)

(1，14)(2，15)(3，16)(4，9)(5，10)(6，11)(7，12)(8，13)

(1，15)(2，16)(3，9)(4，10)(5，11)(6，12)(7，13)(8，14)

(1，16)(2，9)(3，10)(4，11)(5，12)(6，13)(7，14)(8，15)。

再将两组各分成两组共4组：

{1，2，3，4}{5，6，7，8}{9，10，11，12}{13，14，15，16}

每轮中前后两组分别进行对抗并轮换，可进行4轮：

(1，5)(2，6)(3，7)(4，8)(9，13)(10，14)(11，15)(12，16)

(1，6)(2，7)(3，8)(4，5)(9，14)(10，15)(11，16)(12，13)

(1，7)(2，8)(3，5)(4，6)(9，15)(10，16)(11，13)(12，14)

(1，8)(2，5)(3，6)(4，7)(9，16)(10，13)(11，14)(12，15)

最后3轮可安排如下：

(1,3)(2,4)(5,7)(6,8)(9,11)(10,12)(13,15)(14,16)

(1,4)(2,3)(5,8)(6,7)(9,12)(10,11)(13,16)(14,15)

(1,2)(3,4)(5,6)(7,8)(9,10)(11,12)(13,14)(15,16).

这样排序是以满足题中要求.

※ 1′ 若上题中不是16支而是15支球队，上题中要求的比赛程序能否排出来？

解1. 15支球队的单循环赛每轮一队轮空，也要进行15轮比赛. 只要将上题给出的程序中去掉"16"，并让它的对手在该轮中轮空，则所得的程序就满足本题要求.

解2 因为15为奇数，所以每轮赛7场，1队轮空，共进行15轮.

例 2 15支球队参加一次联赛，赛制为单循环。试排出一个可行的比赛程序，使得上赛季的前5名球队都在后5轮中相逢.

解 将15支球队分成3组，每组5队：

$A=\{1,2,3,4,5\}$，$B=\{6,7,8,9,10\}$，$C=\{11,12,13,14,15\}$.

首先让A与B两组对抗并轮换，C组自己轮换，每轮赛两场，另一队轮空。然后A与C对抗，B组自己轮换。最后B与C对抗，A组自己赛两场，一队轮空。各进行5轮，共15轮.

(1.6)(2.7)(3.8)(4.9)(5.10)(12.15)(13.14)

(1.7)(2.8)(3.9)(4.10)(5.6)(13.11)(14.15)

(1.8)(2.9)(3.10)(4.6)(5.7)(14.12)(15.11)

(1.9)(2.10)(3.6)(4.7)(5.8)(15.13)(11.12)

(1.10)(2.6)(3.7)(4.8)(5.9)(11.14)(12.13)

(1.11)(2.12)(3.13)(4.14)(5.15)(7.10)(8.9)

(1.12)(2.13)(3.14)(4.15)(5.11)(8.6)(9.10)

(1.13)(2.14)(3.15)(4.11)(5.12)(9.7)(10.6)

(1.14)(2.15)(3.11)(4.12)(5.13)(10.8)(6.7)

(1.15)(2.11)(3.12)(4.13)(5.14)(6.9)(7.8)

(6.11)(7.12)(8.13)(9.14)(10.15)(2.5)(3.4)

(6.12)(7.13)(8.14)(9.15)(10.11)(3.1)(4.5)

(6.13)(7.14)(8.15)(9.11)(10.12)(4.2)(5.1)

(6.14)(7.15)(8.11)(9.12)(10.13)(5.3)(1.2)

(6.15)(7.11)(8.12)(9.13)(10.14)(1.4)(2.3).

※2′ 16支球队参加联赛，赛制为单循环，试排出一个可行的比赛程序，使得上赛季的前6名球队都在最后5轮中相遇。

解 将16支球队分成如下4组：

A={1,2,3,4,5}，B={6}，C={7,8,9,10,11}，D={12,13,14,15,16}

A–C，B+D，轮换

(1,7)(2,8)(3,9)(4,10)(5,11)(12,6)(13,16)(14,15)

(1,8)(2,9)(3,10)(4,11)(5,7)(13,6)(14,12)(15,16)

(1,9)(2,10)(3,11)(4,7)(5,8)(14,6)(15,13)(16,12)

(1,10)(2,11)(3,7)(4,8)(5,9)(15,6)(16,14)(12,13)

(1,11)(2,7)(3,8)(4,9)(5,10)(16,6)(12,15)(13,14)；

A–D，B+C 轮换

(1,12)(2,13)(3,14)(4,15)(5,16)(7,6)(8,11)(9,10)

(1,13)(2,14)(3,15)(4,16)(5,12)(8,6)(9,7)(10,11)

(1,14)(2,15)(3,16)(4,12)(5,13)(9,6)(10,8)(11,7)

(1,15)(2,16)(3,12)(4,13)(5,14)(10,6)(11,9)(7,8)

(1,16)(2,12)(3,13)(4,14)(5,15)(11,6)(7,10)(8,9)；

A+B，C–D 轮换

(1,6)(2,5)(3,4)(7,12)(8,13)(9,14)(10,15)(11,16)

(2,6)(3,1)(4,5)(7,13)(8,14)(9,15)(10,16)(11,12)

(3,6)(4,2)(5,1)(7,14)(8,15)(9,16)(10,12)(11,13)

(4,6)(5,3)(1,2)(7,15)(8,16)(9,12)(10,13)(11,14)

(5,6)(1,4)(2,3)(7,16)(8,12)(9,13)(10,14)(11,15).

※ 3. 在10阶图中连有k条边，使得以其中任何4个顶点为顶点的子图中都存在三角形，求k的最小值.

解　将10点中一点A孤立，而将另9点连成K_9，即9点中任何两点间都连一条边. 这时，10点中任何4点都至少有3点在K_9中，以这3点为顶点当然构成一个三角形. 所以，这一10阶图G满足题中要求且G中共有36条边，故知所求的k的最小值不大于36. **从举例入手**

设一个10阶图G中共有35条边，于是它的补图G'中共有10条边. 10阶图G'中有10条边，其中必有圈. 考察图G'的最小圈.

(1) 若圈的边数不小于4，则其中必有不相邻的两边AB和CD. 于是图G中以A.B.C.D为顶点的4阶子图中没有三角形.

(2) 若G'中有三角形，即3边的圈ABC. 则可任取另一顶点D. 图G中以A.B.C.D为顶点的4阶子图中没有三角形.

综上可知，边数不大于35的10阶子图都不满足题中要求. 故知所求的边数k的最小值为36. **补图法**

※4 在10阶图G中连有k条边，使得图G的任何5阶子图中都存在三角形，求k的最小可能值.

解 将10个顶点分成两组，每组5点. 且在任何同组两点间都连一条边，异组两点间没有连线. 于是得到一个由无边相连的两个K_5组成的10阶图G_0，其中共有20条边. 对于G_0中的任何5个顶点，由抽屉原理知其中必有3个顶点在同一组中，当然构成一个三角形. 可见，所求的边数k的最小值不大于20.

从举例入手

另一方面，设一个10阶图G中至多有19条边，于是它的补图G'中至少有26条边. 从而G'中必有三角形，记为$\triangle ABC$. 由于从A.B.C 3点中每点至多向后7点各引7条边而$7\times3+3=24<26$，故后7点中必有一条边EF. 于是图G中以A.B.C.E.F为顶点的5阶子图中没有三角形. 不满足题中要求.

补图法

综上可知，所求的k的最小值为20.

4′ 10名乒乓球选手参加一次单打单循环赛(每两人之间恰进行一场比赛)，当比赛进行了k场之后，使得任何5人之间总有3人. 两两之间都进行了些一场比赛. 求k的最小可能值.

5. 已知一个保险柜上的锁由3个旋钮组成，每个旋钮有8种不同的位置，由于年久失修，现在3个旋钮中只要有两个位置正确即可打开柜门，问最少要试验多少种组合，才能保证能打开柜门？

（1988年IMO预选题）

解　每个旋钮的8种不同位置分别记为1，2，…，8，每种数字组合记为(i,j,k)，$1\le i,j,k\le 8$，下面用字典排列法写出$1\le i,j,k\le 4$的一组三元数组16个，使其中任何两个三元组至多有1个数相同（三元组是有序的）。

$$(1,1,1)(2,1,2)(3,1,3)(4,1,4)$$
$$(1,2,2)(2,2,1)(3,2,4)(4,2,3)$$
$$(1,3,3)(2,3,4)(3,3,1)(4,3,2)$$
$$(1,4,4)(2,4,3)(3,4,2)(4,4,1).$$

将上列16个三元组中的48个数全都加上4，于是得到另一组三元数组16个：

$$(5,5,5)(6,5,6)(7,5,7)(8,5,8)$$
$$(5,6,6)(6,6,5)(7,6,8)(8,6,7)$$
$$(5,7,7)(6,7,8)(7,7,5)(8,7,6)$$
$$(5,8,8)(6,8,7)(7,8,6)(8,8,5).$$

对于3个旋钮位置的任一组合(i,j,k)，$1\le i,j,k\le 8$，3个数i,j,k中总有两个数同属于$\{1,2,3,4\}$或同属于$\{5,6,7,8\}$，不妨设$i,j\in\{1,2,3,4\}$，于是第一组中必有1个三元组，其前两个数恰为i和j，这样，即可打开柜门。

另一方面，试验31次时，不能保证必可打开柜门．

设K为这31个三元组所成的集合．如果两个三元组至少有两个分量相同，则称其中一个三元组覆盖了另一个．试验这31次保证打开柜门等价于K中的31个三元组覆盖了所有可能的三元组．

我们把每个三元组视为3维空间中的一个整点，则所有可能的$8^3=2^9=512$个三元组恰好对应于一个棱长为7的正方体内部和表面上的所有整点(i,j,k)，$1\leq i,j,k\leq 8$．显然，其中每个整点都盖住与之有两个坐标相同的共21个整点（不包括它自己）．

将K中的31个整点涂成红点，则31个红点分布在8个平面上：$z=1,2,\cdots,8$．由抽屉原理知其中必有一个平面，其上至多有3个红点．而3个红点只能覆盖平面上7×7方格正方形的3条行坐标线与3条列坐标线上的所有整点．同时另5条行坐标线与另5条列坐标线的25个交点处的整点未被这3个红点覆盖．为覆盖这25个整点，需要用到其它7个平面上的红点从竖直方向来覆盖．但这时一个红点只能盖住一个整点．故投影在这25个整点上的红点也至少25个．此外，另3条行坐标线与另3条列坐标线的交点共9个整点．由于共31个红点，除上述的25个红点之外仅有6个红点．于是8个有整点的平面中有一个上与这9个整点位置相同的9个整点中没有红点．从而需要用其他平面中的9个红点来覆盖．显然，这后9个红点与前25个红点互不相同．于是共有34个红点．矛盾．

综上可知，最少要试验32次，才能保证必能打开柜门．

6　空间中给定 $2n+1$ 个点，其中任何4点都不共面，在这些点间连结 k 条线段，使得图中存在三角形，问最少要连结多少条线段，即求 k 的最小值。

解　将 $2n+1$ 个点分成两组，A组 n 个点，B组 $n+1$ 个点并在任何异组的两点之间都连一条线，同组两点之间不连线，于是得到一个共有 $n(n+1)$ 条连线的图，其中显然没有三角形。可见，为确保存在三角形，至少要连 $n(n+1)+1$ 条线段。

下面证明 $2n+1$ 个点间连有 $n(n+1)+1$ 条边时，图中必有三角形。

当 $n=1$ 时，$2n+1=3$，$n(n+1)+1=3$，即3点之间连有3条边，当然是一个三角形。

设当 $n=k$ 时结论成立，于是当 $n=k+1$ 时，在 $2k+3$ 个点间连结有 $(k+1)(k+2)+1=k^2+3k+3$ 条线段。

任取一条线段 AB，若从点 A 和 B 向余下的 $2k+1$ 个点引出的线段条数 $\geq 2k+2$，则图中必有三角形，结论成立。若引出的线段条数 $\leq 2k+1$，则将 A、B 两点去掉时，至多损失 $2k+2$ 条线段，于是在余下的 $2k+1$ 个顶点所确定的子图中，至少还有 $k^2+k+1=k(k+1)+1$ 条连线，于是由归纳假设知图中必有三角形。

综上可知，所求的连线条数的最小值为 $n(n+1)+1$。

※7　在一个10阶图G中，既没有三角形又没有四边形，问图G中最多有多少条边？

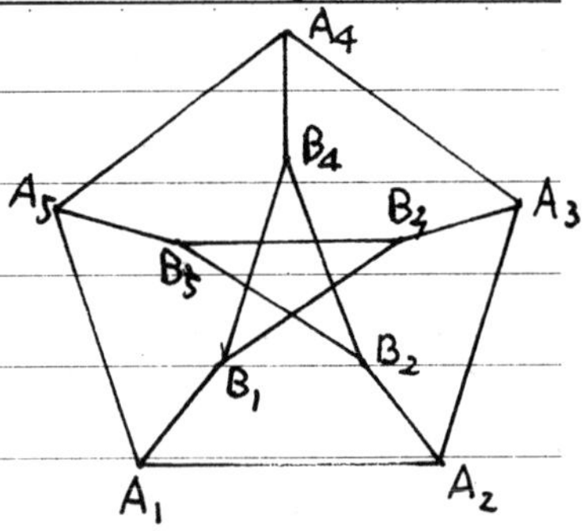

解　将10个顶点分成两组：

$A=\{A_1, A_2, A_3, A_4, A_5\}$，

$B=\{B_1, B_2, B_3, B_4, B_5\}$。

在A、B两组各连5条边：**从举例入手**

A_1A_2，A_2A_3，A_3A_4，A_4A_5，A_5A_1，

B_1B_3，B_2B_4，B_3B_5，B_4B_1，B_5B_2。

然后在两组之间也连5条边

A_1B_1，A_2B_2，A_3B_3，A_4B_4，A_5B_5。

共15条边，但其中既无三角形又无四边形，故所求的边数的最大值不小于15。

另一方面，设有一个10阶图中既无三角形又无四边形，但有16条边，则10个顶点共32度，由抽屉原理知，必有一个顶点度数为 $k\geq 4$，设点A引出k条边：$AB_1, AB_2, \cdots, AB_k$，另外的 $9-k$ 个点为 $C_1, C_2, \cdots C_{9-k}$，于是前 $k+1$ 点之间共有k条边；后 $9-k$ 点之间至多有 $8-k$ 条边；两组之间至多有 $9-k$ 条边，于是图中至多有 $k+(8-k)+(9-k)=17-k\leq 13$ 条边，矛盾。

所以图G中最多有15条边。

前 $k+1$ 点之间共k条边，后 $9-k$ 点与前 $k+1$ 点之间至多 $9-k$ 条边，共9条边，于是后 $9-k$ 点之间至少7条边，因 $9-k\leq 5$，所以其中必有三角形（这时必有圈，或三或四或五圈，当五边圈时还必有对角线，或 [illegible]）

解2　只证有16条边的10阶图G中必有三角形或四边形。这时图中10点的度数之和为32，于是10点发出的边至少构成 $6\times 2+3\times 8=36$ 个张角，加上16条边共52个单位，每个边或夹角都张在一个点对上，但10个顶

点只能构成 $C_{10}^2=45$ 个点对．由抽屉原理知必有两个半径分布在同一个点对上，由于两点之间至多1条连线，故上述两个半径或为两个夹角或为1个夹角和1条边．显然，若为前者，构成一个四边形；若为后者，构成一个三角形．

综上可知，图G中最多有15条边．

8　9名乒乓球运动员进行单循环比赛，试问比赛结束后，是否总能从中找出两名运动员A和B，使对其他每名队员，都或者负于A，或者负于B？　　(188页)(《武汉高中竞赛数学教程(二卷上)》)

解　不一定，下面我们举一个比赛结果的例子，对于9人中的任意二人，都有第3人同时战胜他们：将9人编号为1,2,…,9，并将他们分成3组，每组3人：

$M_1=\{1,2,3\}$，$M_2=\{4,5,6\}$，$M_3=\{7,8,9\}$.

三组中分别有1胜2胜3胜1；4胜5胜6胜4；7胜8胜9胜7．三组之间的胜负关系为(1,2,3)胜(4,5,6)胜(7,8,9)胜(1,2,3)．显然，这是双重的轮换排列性．用集合方式排出，有

$1\{2,4,5,6\}$，$2\{3,4,5,6\}$，$3\{1,4,5,6\}$；

$4\{5,7,8,9\}$，$5\{6,7,8,9\}$，$6\{4,7,8,9\}$；

$7\{8,1,2,3\}$，$8\{9,1,2,3\}$，$9\{7,1,2,3\}$.

其中括号外的人战胜了括号内的4人．不难看出，对于任何两人，都有第3人同时战胜了他们．这个例子同样地表明，对于任何两人，也有第3人同时负于他们二人．

注　本题的例子还可用轮换排列性给出如下：

$1\{2,3,5,7\}$，$2\{3,4,6,8\}$，$3\{4,5,7,9\}$.

$4\{5,6,8,1\}$，$5\{6,7,9,2\}$，$6\{7,8,1,3\}$.

$7\{8,9,2,4\}$，$8\{9,1,3,5\}$，$9\{1,2,4,6\}$.

思路．2,3,5,7这4个数在圆周上的距离1,2,3,4均有，所以任何两人均可被1人战胜；1与2,3,5,7之差为1,2,4,6．在圆周另一面之差为8,7,5,3，无重复

9. 设 $S=\{1,2,\cdots,12\}$，$A_1,A_2,\cdots,A_k$ 都是 S 的子集且满足条件：

(i) $|A_i|=3$，$i=1,2,\cdots,k$；

(ii) 对 S 的任何二元子集 $\{a,b\}$，都存在 j，$1\le j\le k$，使得 $\{a,b\}\subset A_j$。

求 k 的最小值。

解 对任何 $a\in S$，S 的含 a 二元子集共有 11 个，而元素 a 每在某个 A_i 中出现一次，恰可导致两个含 a 的二元子集，所以 a 在诸 A_i 中至少出现 6 次，于是 S 中的 12 个元素在诸 A_i 中至少共出现 72 次，即 $A_1,A_2,\cdots,A_k$ 中至少共有 72 个元素，所以 $k\ge 24$。

另一方面，将 S 的 12 个元素分成 3 组：

$$S_1=\{1,2,3,4\},\quad S_2=\{5,6,7,8\},\quad S_3=\{9,10,11,12\}.$$

然后将每组中的 4 个元素分成不相交的两个二元子集，各有 3 种方法：

$\{1,2\}\{3,4\}$　　$\{5,6\}\{7,8\}$　　$\{9,10\}\{11,12\}$

$\{1,3\}\{2,4\}$　　$\{5,7\}\{6,8\}$　　$\{9,11\}\{10,12\}$

$\{1,4\}\{2,3\}$　　$\{5,8\}\{6,7\}$　　$\{9,12\}\{10,11\}$.

最后按轮换排列法写出下列 24 个三元子集：

$\{1,2,5\}\{3,4,5\}$　　$\{5,6,9\}\{7,8,9\}$　　$\{9,10,1\}\{11,12,1\}$

$\{1,3,6\}\{2,4,6\}$　　$\{5,7,10\}\{6,8,10\}$　　$\{9,11,2\}\{10,12,2\}$

$\{1,4,7\}\{2,3,7\}$　　$\{5,8,11\}\{6,7,11\}$　　$\{9,12,3\}\{10,11,3\}$

$\{1,2,8\}\{3,4,8\}$　　$\{5,6,12\}\{7,8,12\}$　　$\{9,10,4\}\{11,12,4\}$.

容易看出，这 24 个子集满足题中条件 (i) 和 (ii)。

综上可知，所求的 k 的最小值为 24。（另外的例子可见后 4 页）

10. 设$S=\{1,2,\cdots,6k\}$，$k\in N^*$，$A_1,A_2,\cdots,A_m$都是S的子集且满足

(i) $|A_i|=3$，$i=1,2,\cdots,m$；

(ii) 对S的任何二元子集$\{a,b\}$，都存在j，$1\leqslant j\leqslant m$，使得$\{a,b\}\subset A_j$.

求m的最小值.　　　　（参看刘诗雄《集合》47页例6）

解　对任何$a\in S$，S的含a二元子集共有$6k-1$个.为满足条件(ii)，a在诸A_i中至少出现$3k$次.从而S中的所有元素在$A_1,A_2,\cdots,A_m$中到少共出现$6k\times3k$次，即$A_1,A_2,\cdots,A_m$中至少共有$18k^2$个元素.所以$m\geqslant6k^2$.

另一方面，我们用分组轮换排列法来构造满足(i)和(ii)的$6k^2$个子集.为此，先证如下的引理

引理　对于$n\in N^*$，集合$S'=\{1,2,\cdots,2n\}$的全部二元子集可以划分成$2n-1$组，每组的n个二元子集互不相交.

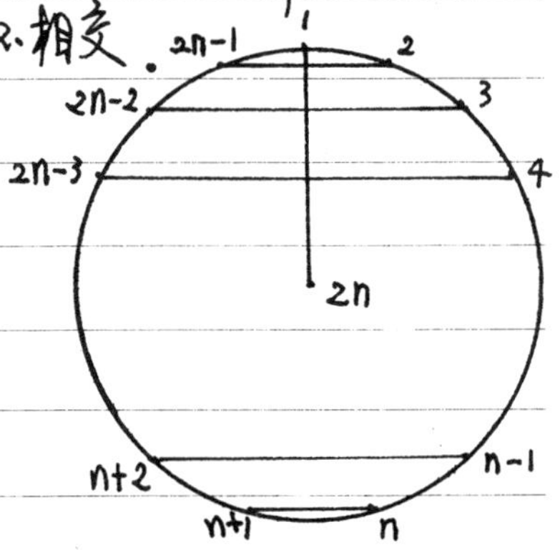

引理之证　参看右图.在一个圆周上取$2n-1$个等分点，并依次标上数$1,2,\cdots,2n-1$，然后将圆心标上数$2n$.

考察下列n个数对

$\{1,2n\}\{2,2n-1\}\{3,2n-2\}\{4,2n-3\}$，$\cdots$，$\{n-1,n+2\}$，$\{n,n+1\}$.

易见，它们互不相交且为S'的n个二元子集.把它们视为一组并进行轮换，每次轮换一个位置，即得$2n-1$组互不相交.可见引理成立.

回到原题之证. 将 S 分成3组

$S_1=\{1,2,\cdots,2k\}$, $S_2=\{2k+1,2k+2,\cdots,4k\}$,

$S_3=\{4k+1,4k+2,\cdots,6k\}$.

由引理知，每组的所有二元子集都可以划分成 $2k-1$ 组，其中每组的 k 个二元子集互不相交.

这样一来，S_1 的所有二元子集可分成 $2k-1$ 组，每组的 k 个二元子集互不相交. 将其中1组重复一次. 加上原有 $2k-1$ 组，共得 $2k$ 组二元子集. 每组的 k 个二元子集互不相交. S_1 的这 $2k$ 组二元子集与 S_2 的 $2k$ 个元素互相依次搭配，即在第 i 组二元子集之后各加上 $2k+i$，构成 $2k$ 组三元子集，使得这样得到的所有三元子集中的前 $2k-1$ 组中之任何两个三元子集都恰有一个公共元素. $2k$ 组共有 $2k^2$ 个三元子集. 同理，S_2 的所有二元子集分成 $2k-1$ 组后重复1组并与 S_3 的 $2k$ 个元素搭配，也可以生成 $2k^2$ 个三元子集；S_3 的所有二元子集分成 $2k-1$ 组后重复1组并与 S_1 的 $2k$ 个元素搭配，也可以生成 $2k^2$ 个三元子集. 加在一起，共得 $6k^2$ 个三元子集. 不难看出，这 $6k^2$ 个三元子集满足题中要求(i)和(ii).

综上可知，m 的最小值为 $6k^2$.

求 11　11名乒乓球运动员参加一次双打训练营，要求任何3人中都有两人配对打一场双打，问最少要安排多少场比赛？

解　将11人编号为1,2,…,11并分成两组：

$A=\{1,2,3,4,5,6\}$，$B=\{7,8,9,10,11\}$.

然后将各组人配对，A组有15对，B组10对：

$\{1,2\}$ $\{2,3\}$ $\{3,5\}$　　$\{7,8\}$ $\{8,10\}$

$\{1,3\}$ $\{2,4\}$ $\{3,6\}$　　$\{7,9\}$ $\{8,11\}$

$\{1,4\}$ $\{2,5\}$ $\{4,5\}$　　$\{7,10\}$ $\{9,10\}$

$\{1,5\}$ $\{2,6\}$ $\{4,6\}$　　$\{7,11\}$ $\{9,11\}$

$\{1,6\}$ $\{3,4\}$ $\{5,6\}$，　　$\{8,9\}$ $\{10,11\}$.

安排下列13场双打：

$\{1,2;3,4\}$，$\{1,3;5,6\}$ $\{3,5;4,6\}$ $\{1,4;7,8\}$ $\{1,5;9,10\}$

$\{1,6;7,9\}$，$\{2,3;7,10\}$ $\{2,4;7,11\}$ $\{2,5;8,9\}$

$\{2,6;8,10\}$，$\{3,6;8,11\}$ $\{4,5;9,11\}$ $\{4,6;10,11\}$.

这样一来，任何3人中，总有两人在一组，而这两人配对至少在上列13场中出场一次，所以，上面所安排的13场双打满足题中的要求.

另一方面，设安排n场比赛可以满足题中要求，若任何两人均合作打过一场双打，则 $n\geqslant\frac{1}{2}C_{11}^{2}>27>13$，故可设有A、B两人未合作过，于是另9人均至少与A、B两人之一合作过，即在整个比赛中至少构成9对，若另9人两两都合作过，$C_9^2=36$，只要构成36+9=45对，至少安排23场双打，否则又可设后9人中有C、D两人未合作过，他们又导致至少7对，依此类推可得

$$n\geqslant\frac{1}{2}(9+7+5+3+1)\quad n\geqslant13.$$

综上可知，最少要安排13场双打比赛.

9题中所用的24个三元集的例子还可改为：

{1,2,7}{3,4,7}{5,6,7}{1,3,8}{2,5,8}{4,6,8}

{1,4,9}{2,6,9}{3,5,9}{1,5,10}{2,4,10}{3,6,10}

{1,6,11}{2,3,11}{4,5,11}{1,6,12}{2,3,12}{4,5,12}

{7,8,10}{8,9,11}{9,7,12}{7,10,11}{8,11,12}{9,12,10}.

易见，这24个三元子集也满足题中要求(ii)。此外，最后6个三元子集还可以视为轮换排列：

{7,8,10}{8,9,11}{9,10,12}{10,11,7}{11,12,8}{12,7,9}.

整体而论，这个例子也是分组构造的。

当然，6个数{7,8,9,10,11,12}的15个"对"用6个三元子集覆盖而容易，例如可以写为：

{1,2,3}{1,4,5}{1,2,6}{2,4,5}{3,4,6}{3,5,6}.

12 设 $A=\{1,2,3,4,5,6\}$，$B=\{7,8,\cdots,n\}$．在A中取3个元素，B中取2个元素组成5个元素的集合 A_i，$i=1,2,\cdots,20$，使得

$$|A_i\cap A_j|\leq 2,\quad 1\leq i<j\leq 20.$$

求n的最小值．（2002年中国集训队选拔考试4题）

解 因为这20个不同的5元子集两两之间至多有两个公共元素，故它们各自的前3个元素组成的三元集合互不相同，所以恰为A的20个不同的三元子集：

$$\begin{array}{llll}
\{1,2,3\} & \{4,5,6\} & \{1,3,5\} & \{2,4,6\} \\
\{1,2,4\} & \{3,5,6\} & \{1,3,6\} & \{2,4,5\} \\
\{1,2,5\} & \{3,4,6\} & \{1,4,5\} & \{2,3,6\} \\
\{1,2,6\} & \{3,4,5\} & \{1,4,6\} & \{2,3,5\} \\
\{1,3,4\} & \{2,5,6\} & \{1,5,6\} & \{2,3,4\},
\end{array} \quad ①$$

它们可分成10对，每对两集互补．

考察①中含1的10个子集及由它们构成的10个五元集合．若存在 $b\in B$，至少属于这10个五元子集中的3个，则有

$$\{1,a_i,a_i',b,x\}\ \{1,a_j,a_j',b,x\}\ \{1,a_k,a_k',b,x\}.$$

由于这3个五元子集中已有两个元素相同，故余下的元素中不能再有相同的，所以 $a_i,a_i',a_j,a_j',a_k,a_k'$ 互不相同，加上1也与它们都不同，导致A中有至少7个不同元素，此不可能．故B中每个元素至多属于这10个五元子集中的2个．由于这10个五元集中共有B中的20个元素，故B中至少有10个不同元素．

设 $B=\{7,8,\cdots,16\}$，满足要求的集合可用分组构造法来逐次构造．由于B中每个数都要出现在4个五元子集中，因此这4个五元集的前3元所构成的A的三元子集两两之间至多1个公共元．先取A的4个三元子集

两两之间至多1个公共元：

$\{1,2,3\}\{1,4,5\}\{2,4,6\}\{3,5,6\}$.

都加上"7"各自再加一个B中的不同元素，得到4个五元子集：

$\{1,2,3,7,8\}\{1,4,5,7,9\}\{2,4,6,7,10\}\{3,5,6,7,11\}$.

再考察都加"8"的4个五元集合。注意，上面4个已有一个含"8"，故只需再找3个A的三元子集与$\{1,2,3\}$两两之间至多1个公共元：

$\{1,2,3\}\{3,4,5\}\{1,4,6\}\{2,5,6\}$

都加上"8"及B中互不相同的另一个元素，又得

$\{1,2,3,7,8\}\{3,4,5,8,10\}\{1,4,6,8,11\}\{2,5,6,8,9\}$.

然后类似地可得

$\{1,4,5,9,7\}\{2,5,6,9,8\}\{2,3,4,9,11\}\{1,3,6,9,10\}$;

$\{2,4,6,10,7\}\{3,4,5,10,8\}\{1,3,6,10,9\}\{1,2,5,10,11\}$.

不同的五元集共10个满足要求

$\{1,2,3,7,8\}\{1,4,5,7,9\}\{2,4,6,7,10\}\{3,5,6,7,11\}$

$\{3,4,5,8,10\}\{1,4,6,8,11\}\{2,5,6,8,9\}\{2,3,4,9,11\}$

$\{1,3,6,9,10\}\{1,2,5,10,11\}$.

注意，这10个五元子集中只用到了B中的前5个元素且它们的前3元作为A的三元子集两两之交均非空，所以余下的另10个三元子集皆为它们的补集。当每个都加上B的后5个元素之二时，得到的另外20个五元集都满足题中要求：

$\{4,5,6,12,13\}\{2,3,6,12,14\}\{1,3,5,12,15\}\{1,2,4,12,16\}$

$\{1,2,6,13,15\}\{2,3,5,13,16\}\{1,3,4,13,14\}\{1,5,6,14,16\}$

$\{2,4,5,14,15\}\{3,4,6,15,16\}$.

综上可知，n的最小值为16.

注　本题的组好还可分组构造如下：将A的10个三元子集写成4个一组共5组，满足(1)每组4个两两之间恰有一个公共元素；(2)每个三元子集恰属于两组

$\{1,2,3\}\{1,4,5\}\{2,4,6\}\{3,5,6\} \longleftarrow 7$

$\{1,2,3\}\{1,4,6\}\{2,5,6\}\{3,4,5\} \longleftarrow 8$

$\{1,4,5\}\{1,3,6\}\{2,3,4\}\{2,5,6\} \longleftarrow 9$

$\{1,3,6\}\{1,2,5\}\{2,4,6\}\{3,4,5\} \longleftarrow 10$

$\{1,2,5\}\{1,4,6\}\{2,3,4\}\{3,5,6\} \longleftarrow 11$

每个三元子集恰出现在两组，加上所对应的两数即得五元子集10个：

$\{1,2,3,7,8\}\{1,4,5,7,9\}\{2,4,6,7,10\}\{3,5,6,7,11\}$

$\{1,4,6,8,11\}\{2,5,6,8,9\}\{3,4,5,8,10\}\{1,3,6,9,10\}$

$\{2,3,4,9,11\}\{1,2,5,10,11\}$.

另10个可像题解中一样得到.

13 是否存在函数 $f: \mathbf{N}^* \to \mathbf{N}^*$，使对每个 $n \in \mathbf{N}^*$，都有 $f^{(1989)}(n)=2n$？其中 $f^{(1)}(n)=f(n)$，$f^{(k+1)}(n)=f(f^{(k)}(n))$。

解 我们用分组构造法来构造满足题中要求的函数 $f(n)$。对于每个奇数 j，以 j 为首项、2 为公比可以写出等比数列（以下称为链）：

$$j, 2j, 4j, 8j, 16j, \cdots, 2^{n-1}j, \cdots.$$

依次取 $j=1,3,5,7,\cdots,2k-1,\cdots$，可以得到无穷多条这样的链，且其中任何两条链都互不相交，每个正整数都恰属于一条这样的链。将每1989条链分成一组，并将每组的1989条链排成一条"大链"如下：

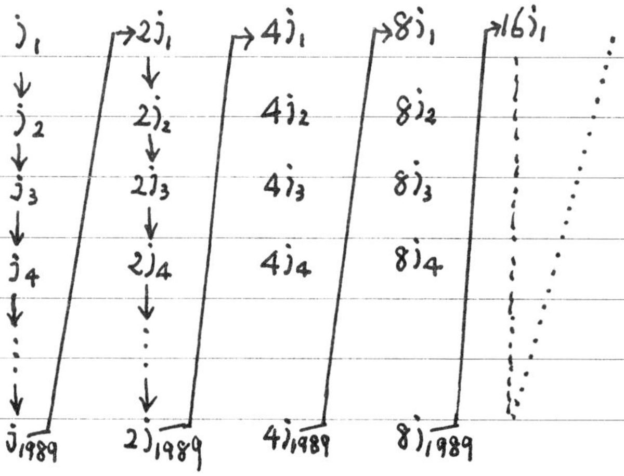

从表中可以看出，对于每个 $n \in \mathbf{N}^*$，都恰好在一个"大链"中出现。我们把 $f(n)$ 定义为大链中的下一项，当然有

$$f^{(1989)}(n)=2n, \quad n \in \mathbf{N}^*.$$

所以，本题的答案是肯定的。

七 立体几何中的组合问题

1. 在空间中给定不共面的4点，问以这4点作为8个顶点中的4点，共能作出多少个互不相同的平行六面体？

（《组合卷》1·103）（1973年全苏数学奥林匹克）

解1 注意，每个平行六面体被它的一个顶点和3个中截面所唯一确定。所谓中截面是过平行六面体的中心且平行于一组相对侧面的平面。每个中截面与平行六面体的8个顶点都等距。

对于给定的不共面的4点A，B，C，D，以它们为4个顶点构成一个四面体ABCD。这时，共存在7个与4点等距的平面，其中每个平面都与四面体ABCD的某些条棱交于中点。确切地说，或者在平面一侧有3点而另一侧有1点，或者在平面两侧各有两点。前一类等距平面共有4个，后一类共有3个。

映射计数法

从7个等距平面中选出3个平面作为将要构造的平行六面体的3个中截面。这样的“三平面组”共可选出$C_7^3=35$组。但是，由于一个平行六面体的3个中截面都过它的中心，即三平面交于中心，所以，当三平面组中的3个平面不交于一点时，它就不能作为某个平行六面体的3个中截面。不难看出，对于棱AB，$\{A,B;C,D\}$，$\{A.B.C;D\}$，$\{A.B.D;C\}$分组所对应的3个等距平面都平行于AB，当然不可能交于一点。显然，这样的三平面组恰有6组。余下的29个“三平面组”均可作为某个平行六面体的一组中截面。所以，共能作出29个不同的平行六面体。

解2 平行六面体共有8个顶点，每个面上有4个顶点。因为给定4点不共面，所以作出的每个平行六面体中，每个侧面至多有3个给定点。

至少有1个给定点，每个给定点恰在3个侧面上。

（1）6个侧面上每面恰有2个给定点，这时，给定4点恰是平行六面体的一组互不相邻的4个顶点，显然，这样的平行六面体只有1个。

（2）6个侧面中，有1个侧面上有3点，另一个侧面上有1点，其余4个面上各有两点，这时，在一个侧面上的3点构成一个三角形，它的两条边是平行六面体从一个顶点发出的两条棱，而另一条边则是此侧面的平行四边形的一条对角线，第4个给定点则只能是发出两条棱的那个顶点的相对顶点，由于从4点中任取3点在一个侧面上的取法有4种不同，取三角形的一条边为该侧面的对角线有3种不同取法，所以这样的不同平行六面体共可作出12个。

（3）6个侧面中，其上有1，2，3个给定点的侧面各有两个，这时，各有3个给定点的两个侧面必定相邻，且二者的公共棱的两个端点都是给定点，记为A和B，另外两点是C和D，于是两组线段{CA，BD}和{CB，DA}中恰有一组是平行六面体的两条棱，以4个给定点为顶点的四面体ABCD中共有6条棱，选取其中一条棱作为造成的平行六面体的棱，有6种不同选法，然后再选一组对棱作为平行六面体的棱，有两种不同选法，由乘法原理即知，这时可作出12个不同的平行六面体。

（4）6个侧面中，其上有1，3个给定点的侧面各有3个，这时，必有一个给定点，它与另外3点的3条连线恰为平行六面体从一个顶点发出的3条棱，容易看出，这样的平行六面体共可作出4个。

综上可知，满足要求的平行六面体共可作出29个。

2. 将正四面体的每条棱都5等分，过每个分点都作两个平面，分别平行于四面体中不过这个分点的两个侧面。问这些平面将四面体分成多少个互不重叠的小多面体？（63年莫斯科数学奥林匹克题改编）

解 首先考察当将正四面体的每条棱都二等分且像题中那样作平面后，将正四面体分成几部分？易见，这时有4个正四面体和1个八面体共5部分。

再看当将四面体每条棱都3等分并像题中那样作平面时，能将正四面体分成多少部分？这时，把底层去掉，余下一个每条棱都2等分的正四面体，我们称之为"削底四面体"。对每个侧面都这样做之后，共可得到4个相同的"削底四面体"。由前段结果知每个削底四面体被分成5部分，共有20部分。这时注意，每两个削底四面体之交恰为1个小四面体，故上述20部分中有6部分各被重复计数1次，所以不重复的计数为14。此外，原四面体去掉4个削底四面体之后，还余下1个小四面体，即以四面体的4个侧面的重心为顶点的四面体。故知整个四面体被分成了11个四面体和4个八面体，共15个小多面体。

再考察将正四面体的每条棱都4等分并像题中那样作平面后，将四面体分成多少个小多面体？仍然将底层去掉后所得的四面体称之为削底四面体，于是削底四面体的每条棱都是3等分，由上段结果知被分成15部分。另一方面，每两个削底四面体的交集是一个2层的正四面体，被分成5部分。容易看出，每3个削底四面体之交为1个小四面体，4个削底四面体之并为整个正四面体。故由容斥原理知，分成的小多面体的个数为

$$S_4 = 15\times 4 - 5\times 6 + 1\times 4 = 34.$$

类似地，当将正四面体的每条棱都5等分并作平面后，每个削底四面体的棱4等分，两个之交为3等分的四面体，3个之交为2等分的四面体，4个之交为1个小四面体. 于是由容斥原理知所分成的小多面体的个数为

$$S_5=34\times4-15\times6+5\times4-1=136-90+20-1=65.$$

解2 将正四面体的每条棱都n等分并像题中那样作平面后，从正四面体上截下第k层如右图所示，其中下底为蓝三角形，每条边k等分，上底为红三角形，每条边$k-1$等分. 易见，每个正向（尖朝上）小蓝三角形都是一个正四面体的底. 所以，这样的小正四面体共有$\frac{1}{2}k(k+1)$个；图中每个倒向（尖朝下）的小蓝三角形都恰与一个正向的小红三角形相交且中心重合，构成一个正八面体. 这样的正八面体共有$\frac{1}{2}k(k-1)$个；每个倒向的小红三角形都是一个底朝上的小正四面体的底面. 这样的正四面体共有$\frac{1}{2}(k-1)(k-2)$个. 因而这一层被分成的块数为

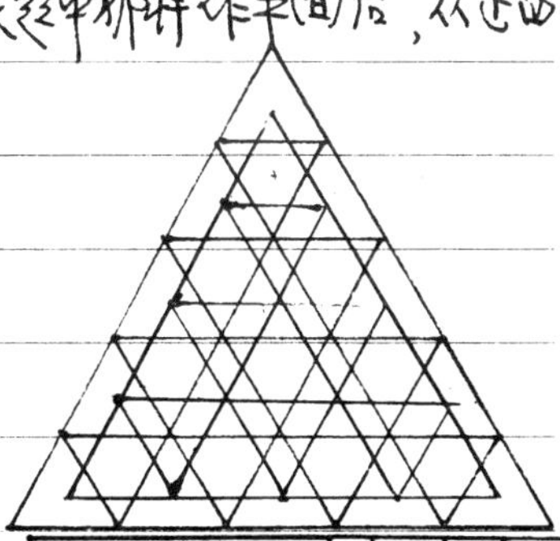

特殊到一般　整体到局部

$$\frac{1}{2}k(k+1)+\frac{1}{2}k(k-1)+\frac{1}{2}(k-1)(k-2)=\frac{1}{2}(3k^2-3k+2). \quad (*)$$

将上式从1到n对k求和，即得整个四面体被分成的小多面体的块数为

参数分组计数法

$$S_n=\sum_{k=1}^{n}\frac{1}{2}(3k^2-3k+2)=\frac{1}{2}\left\{\frac{1}{2}n(n+1)(2n+1)-\frac{3}{2}n(n+1)+2n\right\}$$

$$=\frac{1}{4}(2n^3+3n^2+n)-\frac{3}{4}(n^2+n)+n=\frac{1}{2}n(n^2+1).$$

特别地，当$n=5$时，由上式有

$$S_5=\frac{5}{2}(25+1)=65.$$

注 (*)式对于$k=1,2$也成立.

3. 已知棱长为100的正方体由1000000个单位正方体堆砌而成，这些小正方体的棱构成大正方体的"框架"。由单位正方体的一个顶点引出的互相垂直的3条小棱（长度都是1）称为一个"棱架"。问整个框架能否分成两两没有公共棱的一组棱架？说明理由。

从引入坐标系入手　　（1990年全苏数学奥林匹克）

解　在空间中引入直角坐标系，使得大正方体的每个顶点的每个坐标都是0或100，于是所有小正方体的所有顶点都是整点。

过大正方体的一个面上的一个整点作该面的垂线直到对面的长为100的线段称之为一条"坐标线"。显然，它是框架中的一条线段且它是由一串100个单位正方体的棱接成的。每条坐标线可以划分成100条小棱而其上都有101个结点。由于每个棱架的顶点在过该点的3条坐标线上各有一条小棱，所以，若要实现题中要求，必须从每条坐标线上恰好去掉1个结点。

将每个结点，即坐标系中的整点的3个坐标相加，各得1个和数，当然是一个整数。将这一和数能被101整除的所有结点涂红，并称之为红点或标定点。由于每条坐标线上的101个结点所对应的101个非负整数恰为连续的101个自然数，其中当然恰有1个数能被101整除，故每条坐标线上恰有一个红点，它就是所在坐标线上不能作为棱架顶点的结点。

对于任何一个非标定的结点A，按如下方式构造以A为顶点的棱架P(A)：过点A有3个互相垂直的方向的坐标线各1条，每条坐标线上各有一个标定点，从点A出发，分别指向3个标定点的3条小棱即构成P(A)。容易验证，整个框架恰好划分成一组两两没有公共棱的棱架。

理论原则构造法

4. 在半径为1的球面上分布着一些大圆的圆弧段（经过球心的平面与球面的交线称为球面的大圆），所有这些弧段长度之和小于π．求证必可找到一个经过球心的平面，使之与上述给定弧段的任何一条都不相交．（1986年莫斯科数学奥林匹克）．

证 用$\alpha_1,\alpha_2,\cdots,\alpha_n$表示给定的$n$条大圆弧的弧段同时也用它们表示该弧段的弧长（按弧度），于是有$\alpha_1+\alpha_2+\cdots+\alpha_n<\pi$．

考察其中任一弧段α_i，任取点$S\in\alpha_i$并作点S的极圆O_S（如果一个大圆上的所有点到球面上的点S的距离都相等，则称该大圆为点S的极圆，点S称为大圆O_S的极点，即当点S为球面两极之一时，极圆O_S恰为球面的赤道线）．显然，当且仅当点$P\in O_S$时，点P的极圆O_P过点S．

漏盖法

令点S沿逆时针方向取遍α_i上的所有点时，相应的极圆O_S扫过右下图所示的球面上画有阴影线的部分．这部分区域的面积占整个球面面积的$\frac{\alpha_i}{\pi}$．由上述论述可知，点Q属于阴影区域的充分必要条件是它的极圆O_Q与弧段α_i相交．

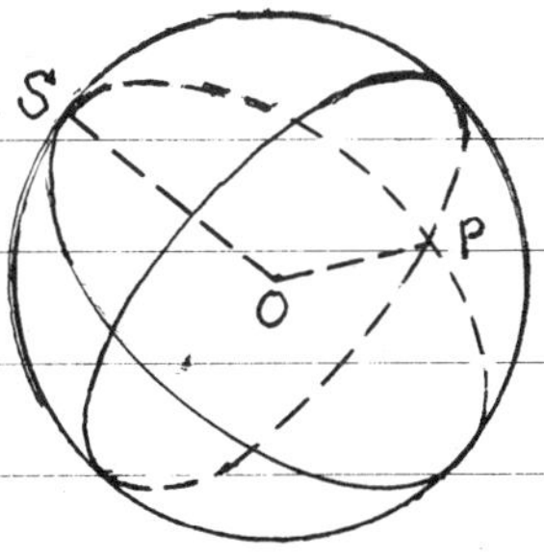

对每条弧段$\alpha_i(i=1,2,\cdots,n)$都作出相应的球面区域．由已知条件可知，这些区域之并集在球面上所覆盖的区域的面积，至多占球面面积的$\sum\limits_{i=1}^{n}\frac{\alpha_i}{\pi}<1$．故可在球面上取得点$A$，使$A$未被这些阴影区域所盖住．显然，作为大圆的点$A$的极圆与给定的$n$条弧段均不相交．

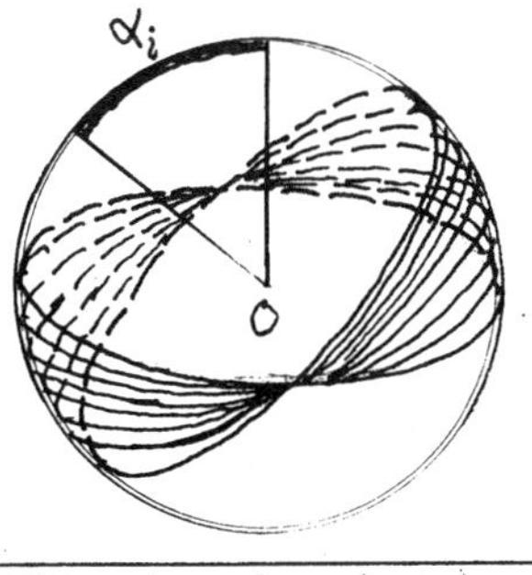

5. 在空间中给定 n 个平面 $(n\geq 5)$，其中任何3个平面都恰有一个公共点，但任何4个平面都不共点，求证在这 n 个平面将整个空间划分成的内部互不重叠的诸部分区域中，至少有 $\frac{2n-3}{4}$ 个四面体.

（《组合卷》12·89题）（1973年国中判数学奥林匹克）

证 我们约定，把任意3个平面的公共点都称之为顶点，按已知，n 个给定的平面中的任何3个平面都唯一确定一个顶点.

设 S 是一个给定平面，它把整个空间分为两个半空间，设顶点 P 是某个半空间中的所有顶点中距 S 最近（$P\notin S$）的一个顶点，而确定顶点 P 的3个平面是 S_1，S_2，S_3，由于已知4个平面不共点，故这4个平面 S，S_1，S_2，S_3 从空间中划出一个四面体 T，可以断言，其它 $n-4$ 个平面中的任何一个都不能与四面体 T 相截，否则将得到一个比顶点 P 更接近 S 的顶点，此与点 P 的选法矛盾，这表明四面体 T 是 n 个给定平面将空间划分成的诸部分中的一个. 极端原理 分组法 辅助命题

如果一个给定的平面两侧都有顶点，则可以得到两个这样的四面体，我们把这样的平面称为第1类平面，把所有顶点全在某给定平面同一侧（包括平面上）的平面称为第2类平面，对于第2类平面，我们有如下的引理：

引理 在给定的 n 个平面中，第2类平面至多3个.

若不然，设4个给定平面 S_1，S_2，S_3，S_4 都是第2类平面，并设它们在空间中围成四面体 $ABCD$，因为 $n\geq 5$，故必有异于这4个平面的第5个给定平面 S，显然，平面 S 不可能与四面体 $ABCD$ 的6条棱都相交，不妨设 S 与棱 AB 不相交且与直线 AB 交于线段 AB 之外的点 E 且点 A

在线段BE上．这样一来，顶点E和B在给定平面ACD的异侧．矛盾．

由引理可知．n个给定平面中至多有3个第2类平面．当然至少有n－3个第1类平面．从而至少有2n－3个四面体（包括重复），它们都是n个给定平面将空间划分成的部分区域．另一方面，在这个计数过程中．每个四面体至多被围成它的4个平面各计数1次．共4次．所以，不同的四面体的个数不少于$\frac{2n-3}{4}$．

6. 棱长为10的正方体是由500个黑色单位正方体和500个白色单位正方体砌成的，两色正方体相间地摆放，即每两个相贴的面均为异色。现从中取出100个单位正方体，使得300个平行于正方体的一条棱的$1\times1\times10$的小柱体的每一个中，都恰好被去掉1个单位正方体。求证所取出的黑色正方体的个数一定是4的倍数。（1991年莫斯科数学奥林匹克）

证 设想将已知的大正方体划分成125个$2\times2\times2$的小正方块，每块中恰有黑白两色的单位正方体各4个。[分组法]

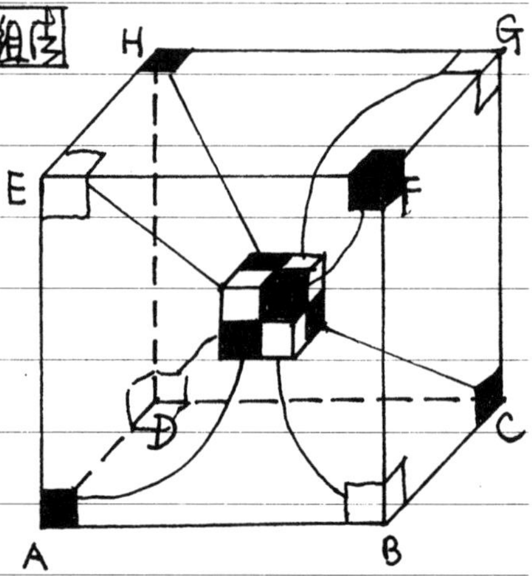

将每个正方块中的8个单位正方体按它们在正方块中的方位分别划入用大正方体的相应顶点命名的集合之中（参看右图）。这样一来，我们就把1000个单位正方体均分成8组，分别记为$M_A, M_B, M_C, M_D, M_E, M_F, M_G, M_H$，其中$M_A$，$M_C$、$M_F$和$M_H$都由125个黑色正方体组成而$M_B$, M_D, M_E和M_G都由125个白色单位正方体组成。

下面证明一个加强命题：在取出的100个单位正方体中，分别属于M_A，M_C，M_F和M_H的单位正方体的个数全都相等。由此立即得知，取出的黑色单位正方体的个数是4的倍数。

注意，M_A和M_B是由所有小方块中的前下方两个方格组成的，因此它恰是25条平行于棱AB的$1\times1\times10$的小柱体的并集。而已知从每个这样的小柱体中恰好取出1个单位正方体，故知从$M_A\cup M_B$中恰好取出25个单位正方体。同理，从$M_B\cup M_C$中也恰好取出25个单位正方体．所以从M_A和M_C中所取出的单位正方体的个数相等．同理可证，从M_A．M_C．M_F．M_H中所分别取出的单位正方体的个数全部相等．

（《组合卷》9.85题）

7. 设 n^3 个小正方体砌成一个 $n\times n\times n$ $(n\geq 3)$ 的大正方体. 试证可以在这 n^3 个小正方体中写上互不相同的整数，使得在平行于正方体的一条棱的任何一串 n 个小正方体中所填的 n 个整数之和都等于0.

（1986年全苏数学奥林匹克）

证 我们将使用"调整构造法"来证明，即首先在所有小正方体中都写上"0"，然后在保障每串 n 个正方体中的 n 个整数之和为0的前提下，逐步调整少量的正方体中相等的数，使之不相等并最后达到所有数互不相等.

在调整过程中，我们将交替使用下列两种变换：

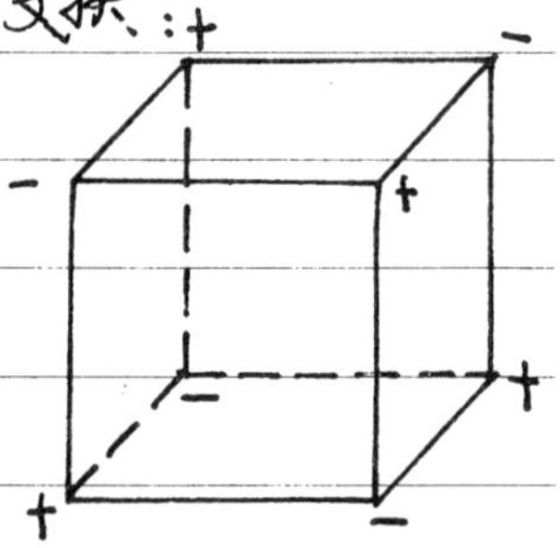

(1)"加 a 变换"：将右图中标有"+"号的4个顶点处的小正方体中的数同时加 a，而标有"−"号的4个顶点处的小正方体中的数同时减 a. 易见，在这种变换之下，任何一串 n 个小正方体中的 n 个整数之和为0这一性质保持不变，但却可以使大正方体的两个相邻顶点处所有的相同数变为不等，且也可以使一个数在顶点而另一个数不在顶点的相等二数变为不等.

(2)"换位变换"：将平行于正方体某一面的 $1\times n\times n$ 个单位正方体的整体称为一"层"，将正方体中互相平行的两层互换位置而所填的数随之换位，称为"换位变换". 显然，这种变换也保持每串小正方体中的 n 个数之和为0的性质不变，但我们可以用这种变换使得处在顶点处的小正方体带着其中所填的数离开顶点，反之亦然.

不难看出，我们总可以适当地安排这两种变换的次序，不断将正方体中的相等数对中一个数移到顶点，并取这数0足够大。然后将二者变成不等且与正方体中所有原来的数均不相等。这样继续下去，直到所有数互不相等为止。

综上可知，题中所要求的填数法是可以实现的。

8　设 $Oxyz$ 是空间直角坐标系，S 是空间中的一个有限点集．S_x．S_y．S_z 分别是 S 中所有点分别在平面 Oyz，Ozx，Oxy 上的投影点所成的集合，求证

$$|S|^2 \leq |S_x|\cdot|S_y|\cdot|S_z|.$$（1992年IMO 5题）

证　如果 S 中任何两点的坐标的任一分量都不相同，则有 $|S|=|S_x|=|S_y|=|S_z|$．所求证的不等式显然成立．

设存在两点 $A.B\in S$，两点至少有1个坐标相同．不妨设第3个坐标相同，即有 $z_A=z_B$，但第2个坐标不同．$y_A<y_B$．以下用第2归纳法来证明．

设当 $n<k$ 时结论成立，于是当 $|S|=n=k$ 时．令

$$S'=\{(x.y.z)\mid(x.y.z)\in S,\ y\leq y_A\}.$$

$$S''=\{(x.y.z)\mid(x.y.z)\in S,\ y>y_A\}=S-S'.$$

于是 $S'\cup S''=S$，$S'\cap S''=\varnothing$．S' 与 S'' 均非空，故有 $|S'|<k$，$|S''|<k$．由归纳假设有

$$|S'|^2\leq|S'_x||S'_y||S'_z|,$$

$$|S''|^2\leq|S''_x||S''_y||S''_z|.$$

注意到 $|S'_y|\leq|S_y|$，$|S''_y|\leq|S_y|$．$|S'_x|+|S''_x|=|S_x|$．$|S'_z|+|S''_z|=|S_z|$．由柯西不等式便有

$$|S|^2=(|S'|+|S''|)^2=|S'|^2+|S''|^2+2|S'||S''|$$

$$\leq|S'_x||S'_y||S'_z|+|S''_x||S''_y||S''_z|+2(|S'_x||S'_y||S'_z||S''_x||S''_y||S''_z|)^{\frac{1}{2}}$$

$$\leq|S_y|\{|S'_x||S'_z|+|S''_x||S''_z|+2(|S'_x||S'_z||S''_x||S''_z|)^{\frac{1}{2}}\}$$

$$=|S_y|\cdot\{(|S'_x||S'_z|)^{\frac{1}{2}}+(|S''_x||S''_z|)^{\frac{1}{2}}\}^2$$

$$\leq |S_y|\{(|S'_x|+|S''_x|)(|S'_z|+|S''_z|)\}$$

$$=|S_y|\cdot|S_x|\cdot|S_z|=|S_x|\cdot|S_y|\cdot|S_z|,$$

这就完成了归纳证明.

9 设5点A_1.A_2.A_3.A_4.A_5都位于单位球面上，求$\min\{A_iA_j \mid 1\leq i<j\leq 5\}$的最大值并确定取得最大值的所有情形.

(《组合卷》10.88)(1989年IMO候选题)

解 记给定球面的球心为O，由于5点全都在球面上，故可用$\angle A_iOA_j$的大小来代替A_iA_j来进行讨论.显然，当取5点为球内接正八面体的6个顶点中的5个时，有

$$\min\{\angle A_iOA_j \mid 1\leq i<j\leq 5\}=\frac{\pi}{2},$$

$$\min\{A_iA_j \mid 1\leq i<j\leq 5\}=\sqrt{2}.$$

引理 设A_1,A_2,A_3,A_4,A_5为单位球面上5点且满足

$$\min\{\angle A_iOA_j \mid 1\leq i<j\leq 5\}\geq\frac{\pi}{2}. \quad ①$$

求证5点中必有两点为对径点.

引理之证 取以球心O为原点的空间直角坐标系，使A_5的坐标为$(0,0,-1)$，于是由①知，另4点均位于带有边界的上半球面.再使点A_1在平面$y=0$上且使$x_1>0$，即点A_1在上半空间两个卦限的分界面上.这样，把上半球面被4个卦限所限的4个球面三角形(带边)作为抽屉，则点A_1属于两个抽屉.于是由抽屉原理知有4点中的两点属于同一个球面三角形.注意，在这样的球面三角形中，当且仅当一点位于顶点而另一点在对边时，张角为$\frac{\pi}{2}$，其他情况下两点关于球心的张角均小于$\frac{\pi}{2}$.所以，上面得到的两点中，必有一点是球面三角形的顶点，而另一点则在对边上(包括端点).若位于顶点的点是在$(0,0,1)$，则它与A_5为对径点.所以不妨设A_1为$(1,0,0)$.若另一点在对边内部(即不在顶点)，由于另3个卦限中的球面三角形中又有4

点．由抽屉原理又知有一个球面三角形上有两点．又得先一个顶点和对边上的一点．这一来，4个球面三角形中各有两个给定点．于是必有两点为对径点．否则，4点都是赤道上的点，关于球心O的张角又都不小于$\frac{\pi}{2}$，当然只能都是$\frac{\pi}{2}$，4点恰为两组对径点．引理证毕．

回到原题的解．由引理知，5点中总有两点为对径点．不妨设A_1，A_2分别为球面的南北极点．显然，这时对于任何A_3，都不能使

$$\angle A_1OA_3>\frac{\pi}{2}\text{，}\angle A_2OA_3>\frac{\pi}{2}$$

同时成立．所以

$$\min\{\angle A_iOA_j\mid 1\le i<j\le 5\}\le\frac{\pi}{2}$$

且最大值为$\frac{\pi}{2}$．

当5点之间的最短距离取最大值时，必有两点为对径点，不妨设为南北极，而3点均在赤道上且两两关于球心O的张角均不小于$\frac{\pi}{2}$，这就是所求的取得最大值的所有情况．

10. 在球面上给定n个点，试证可将球面划分成n个全等的区域，使得每个区域中恰含1个给定点.（1988年IMO候选题）

证　n个给定点两两之间连一条线段共有C_n^2条，这些连线段的垂直平分面在球面上截得的大圆至多C_n^2个. 此外，过每两个给定点作大圆也是至多有C_n^2个. 由于这两种圆总共只有有限多个，故可作一条直径，使它的两个端点都不在上述这些大圆上. 记这条直径为MN.

分别以点M和N为南北极，在球面上建立一个像地球仪那样的经纬坐标系. 由直径MN的选法知n个给定点的经度和纬度分别互不相同. 因此，可以作出$2n-2$条纬线圈，将球面分成$2n-1$个环带并从北向南依次编号为$1,2,\cdots,2n-1$，其中1号与$2n-1$号区域为球冠，使得每个奇数号环带内恰含一个给定点而每个偶数号环带内都不含给定点.

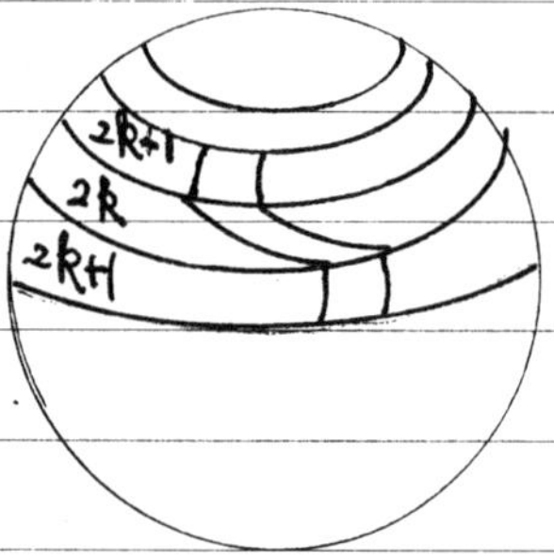

对于每个k，$1\le k\le n$，用经线弧将第$2k-1$号环带等分成n份，使给定点在其中一份的内部. 将这n个区域依次记为$A_{k1},A_{k2},\cdots,A_{kn}$，并使给定点所在的区域为$A_{kk}$. 这样一来，我们已将奇数号环带划分完毕. 对于偶数号的环带，第$2k$号环带的上下两个环带已划分好. 因此$2k$号环带的上下边界圆周上已各有n个等分点和n段弧. 将其上的分点按相邻环带中n个区域的编号次序依次分别记为$P_1,P_2,\cdots,P_n$和$Q_1,Q_2,\cdots,Q_n$. 对于每个$1\le j\le n$，在球面上作过P_j，Q_j两点的大圆弧将两点连结，于是得到n条大圆弧，它们将第$2k$号环带划分成n个全等的区域：$B_{k1},B_{k2},\cdots,B_{kn}$. 令

$$S_i = A_{1i} \cup B_{1i} \cup A_{2i} \cup B_{2i} \cup \cdots \cup B_{2n-2\,i} \cup A_{2n-1\,i}, \quad i=1,2,\cdots,n.$$

于是这n个区域都是连通的且全部彼此全等，因为它们是旋转对称的。显然，每个区域中恰有1个给定点。（《组合卷》10.59题）

证 过P_j，Q_j（$1\leq j\leq n$）的大圆弧可以这样作出：过P_j，Q_j和球心O作一个平面。由于这个平面过球心O，所以它和球面的交线为一个大圆C。显然P_j和Q_j都在大圆C上，自然得到大圆的一段弧$\overset{\frown}{P_jQ_j}$。

11. 在空间中给定5点，其中任何4点都不共面，求证其中必有两点，使得过这两点的直线穿过以另3点为顶点的三角形的内部.

（1973年南斯拉夫数学奥林匹克）

证　从给定5点中任取4点，以这4点为顶点可作出一个四面体. 不难看出，这个四面体的4个面所在的4个平面彼此相交将整个空间划分成15块部分区域，除原四面体是其中之一外，另14部分可分成如下的3种类型：

（1）4个三面角，其顶点分别在四面体的4个顶点且分别与四面体的4个内三面角对顶，即其3个面角分别与内三面角的3个面角成对顶角.

（2）四面体的每个内三面角的3个面角无限伸展后减去原四面体所得的区域，共4块.

（3）分别以四面体的6条棱为底棱的6个"劈形"区域，其中每个区域都是这样限定的：首先将四面体的以一条棱为公共边的相邻两面向形外方向延伸，构成一个位于四面体外的二面角，然后同向延伸四面体的另两面，二者所夹的上述二面角的内部即为一个劈形区域.

如果第5点在四面体内部或在前两类区域之一中，则只要将它与所在区域所属的三面角的角顶连一条线即满足题中要求. 如果第5点在第3类的劈形区域之一中，设这个区域的底棱为A_3A_4，则直线A_3A_4必穿过$\triangle A_5A_1A_2$.

如果加问："题中要求的直线最少有几条？"，则答案是最少有1条. 只有1条这样直线的例子如右页图形所示，其中图形是由两个正四面体拼在一起构成的：

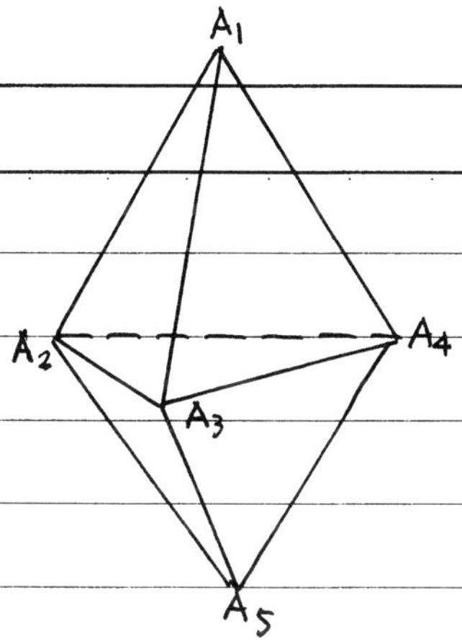

显然，图中只有直线A_1A_5穿过$\triangle A_2A_3A_4$.

12 在凸多面体的每条棱上都标上一个箭头，使对多面体的每个顶点都分别至少有一个箭头指向它，至少有一个箭头离开它．求证存在多面体的两个面，使得分别在二者的边界上可以沿着箭头所指的方向环绕周界走一圈．

（1975年基辅数学奥林匹克）

证明见本册《覆盖》7–8页第3题．

13 试证在一个球面上不可能画出3条各为300°的大圆弧，使得其中任何两条弧都没有公共点（包括弧的端点）.

（1963年莫斯科数学奥林匹克）

证 若不然，设在球面上已经画出了3条各为300°的大圆弧S_1，S_2和S_3，使得其中任何两条弧都没有公共点（包括端点）. 将这3条弧所在的3个大圆分别记为C_1，C_2和C_3，并记$S_1'=C_1-S_1$，$S_2'=C_2-S_2$，$S_3'=C_3-S_3$. 将大圆C_1与C_2，C_2与C_3，C_3和C_1分别相交的各两个对径点分别记为P，P'；Q，Q'和R，R'. 因为S_1，S_2和S_3中任何两条弧都没有公共点，故可设

反证法

$$S_1\cap S_2'=P,\quad S_2\cap S_3'=Q,\quad S_3\cap S_1'=R,$$

$$S_1'\cap S_2=P',\quad S_2'\cap S_3=Q',\quad S_3'\cap S_1=R'.$$

考察球的3条直径PP'，QQ'和RR'彼此相交所成的角，因为$R,P'\in S_1'$，$P,Q'\in S_2'$，$Q,R'\in S_3'$，且S_1'，S_2'和S_3'都是60°，所以

$$\angle ROP'<60^\circ,\quad \angle POQ'<60^\circ,\quad \angle QOR'<60^\circ,$$

$$\angle POR'=\angle ROP'<60^\circ,\quad \angle R'OQ=\angle ROQ'<60^\circ.$$

于是由三面角中任何两个面角之和大于第3个面角的定理便有

$$120^\circ>\angle POR'+\angle R'OQ>\angle POQ=180^\circ-\angle POQ'>180^\circ-60^\circ=120^\circ.$$

矛盾. 所以，满足题中要求的3条弧的画法是无法实现的.

※14. 一个正方体的8个顶点，12条棱的12个中点，6个面的6个中心点及正方体的中心点共27个点中，选取3点是一个正三角形的3个顶点，共有多少种不同的选法？（《命题(一)》48题）

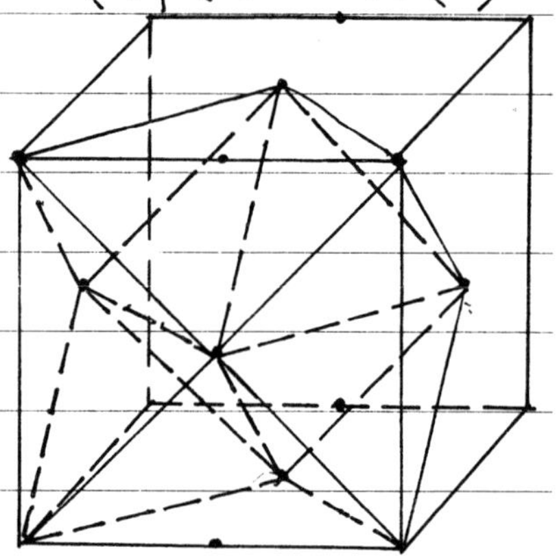

解　采用分组计数法来计数.

(1) 从每个顶点都发出3条棱，这3条棱的各另一个端点共3点是一个正三角形的3个顶点. 显然，这样的正三角形的三顶点组共8个. 分组计数法

(2) 从每个顶点发出的3条棱的3个中点也是一个正三角形的3个顶点. 显然，这样的正三角形的3顶点组也是8个.

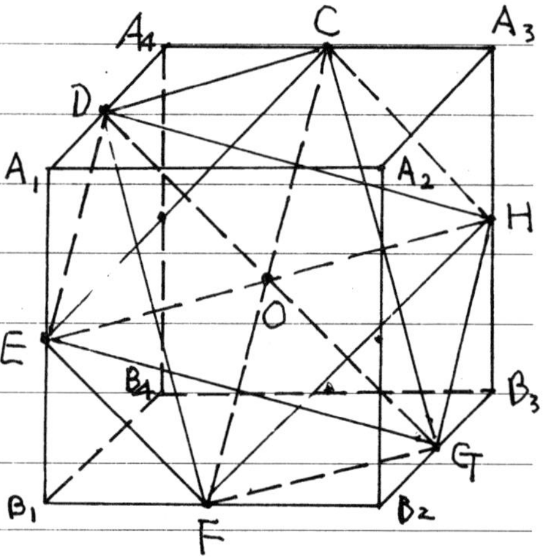

(3) 以正方体的一个顶点为公共顶点的3个面的3个中心点及该顶点恰构成一个正四面体的4个顶点. 显然，这样的正四面体共8个，共导致32个正三角形的3顶点组.

(4) 如右下图所示，其中六边形CDEFGH是一个正六边形，且其中心恰为正方体的中心O. 易见，这样的正六边形恰有4个，共导致32个正三角形的三顶点组.

综上可知，所有不同的正三角形的三顶点组的总数为

$$8+8+32+32=80.$$

15※ 一个正方体的8个顶点和12条棱的12个中点共20个点中，选取共面的4点，共有多少种不同选取方法？（《命题（一）》47题）

解

※16 一个正方体的8个顶点和12条棱的12个中点共20个点，每两点之间连一条直线，构成一个空间图形. 从中选出n条直线两两异面，求n的最大值.

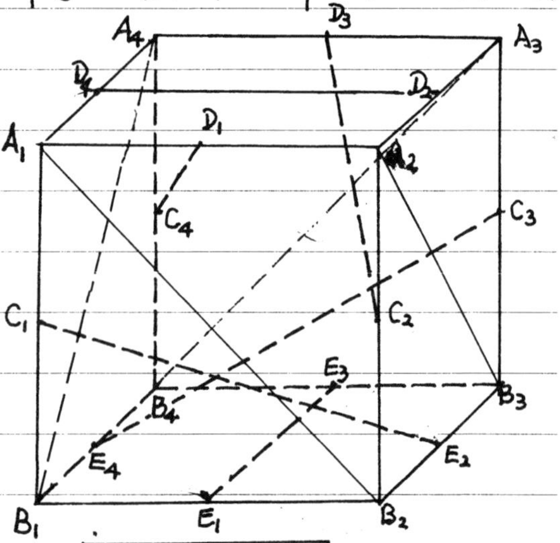

解 在右图中，除12条棱之外，4条红线 A_1B_2，A_2B_3，A_3B_4，A_4B_1 两两异面. 上底的线 D_4D_2 和下底的中线 E_1E_3 异面且与前4条红线也都异面. 另4条线 C_1E_2，C_3E_4，C_2D_3，C_4D_1 中，C_1E_2 在正方体的下前$\frac{1}{4}$中，C_3E_4 在立体的下后四分之一中，C_2D_3 在右上四分之一中而 C_4D_1 在左上四分之一中，4条线两两既不平行也不相交，都是两两异面. 另一方面，10条线时，20个给定点已占全，当然不能再多.

所以，所求的n的最大值为10.

注 每条棱上有3个给定点，所以10条线两两异面，其中一条棱也不能有.

八 集合

※ 1. 设M是有限整数集，已知M的任何4个元素中总有两数之和仍然属于M. 问集M中最多有多少个元素？

解 令 【从举例入手】

$$M_0=\{-9,-5,-4,-3,-2,-1,0,1,2,3,4,5,9\},$$

则 $|M_0|=13$ 且 M_0 满足题中要求，所以所求的 $|M|$ 的最大值不小于13.

另一方面，若有M，使 $|M|=14$ 且满足题中要求，则M中至少有13个非零实数，由抽屉原理知其中必有7个整数同号，不妨设同为正号，于是可设

$$a_1>a_2>a_3>a_4>a_5>a_6>a_7>0.$$

【反证法】

考察下列4个四元子集：

$$\{a_1,a_2,a_3,a_4\},\{a_1,a_2,a_3,a_5\},\{a_1,a_2,a_3,a_6\},\{a_1,a_2,a_3,a_7\}.$$

由条件知，上述每个四元子集中都必有两数之和属于M.

【从比较大小入手】

若 $a_2+a_3\neq a_1$，则下列 $4\times2=8$ 个数中

$$a_2+a_4,\ a_2+a_5,\ a_2+a_6,\ a_2+a_7$$

$$a_3+a_4,\ a_3+a_5,\ a_3+a_6,\ a_3+a_7,$$

第1行的4个数均大于 a_2 且互不相同，故其中至多1个数在M中；第2行的4个数至多两个在M中，于是这8个和数至多3个在M中. 由抽屉原理知，上述4列数中，总有1列的两个和数均不在M中. 从而相应的四元集中，任何两数之和都不属于M. 矛盾. 所以必有 $a_2+a_3=a_1$.

再考察下列3个四元子集：

$$\{a_1,a_2,a_4,a_5\},\{a_1,a_2,a_4,a_6\},\{a_1,a_2,a_4,a_7\}.$$

因为 $a_2+a_3=a_1$，故有

$$a_2<a_2+a_7<a_2+a_6<a_2+a_5<a_2+a_4<a_2+a_3=a_1,$$

所以，a_2+a_7，a_2+a_6，a_2+a_5，a_2+a_4均不在M中，故必有

$$a_4+a_5,a_4+a_6,a_4+a_7\in M.$$

这样一来，就有

$$a_1=a_2+a_3>a_4+a_5>a_4+a_6>a_4+a_7>a_4,$$

这表明a_1与a_4之间有M的3个不同元素，此不可能。

综上可知，$|M|$的最大值为13。

注 开头所用的例子M_0也可以改为

$$\{-7,-5,-4,-3,-2,-1,0,1,2,3,4,5,7\}.$$

2. 集合A和B都是由正整数组成的集合，$|A|=10$，$|B|=9$并且集合A满足如下条件：若$x,y,u,v\in A$且有$x+y=u+v$，则$\{x,y\}=\{u,v\}$.定义

$$A+B=\{a+b\mid a\in A,b\in B\},$$

求A+B之元素个数的最小值.

解 记

$$A=\{a_1,a_2,\cdots,a_{10}\},\ B=\{b_1,b_2,\cdots,b_9\},$$

并令

$$C_j=\{a_i+b_j\mid i=1,2,\cdots,10\},\ j=1,2,\cdots,9.$$

于是 $A+B=\bigcup\limits_{j=1}^{9}C_j$ 且 $|C_{j_1}\cap C_{j_2}|\leqslant 1$，$j_1\neq j_2$.

若不然，设有$|C_{j_1}\cap C_{j_2}|\geqslant 2$.于是存在$1\leqslant k_1,k_2,l_1,l_2\leqslant 10$，使得

反证法

$$a_{k_1}+b_{j_1}=a_{l_1}+b_{j_2},\quad a_{k_2}+b_{j_1}=a_{l_2}+b_{j_2}.$$

两式相减，得到

$$a_{k_1}-a_{k_2}=a_{l_1}-a_{l_2},\quad a_{k_1}+a_{l_2}=a_{k_2}+a_{l_1}.$$

因为$a_{k_1}\neq a_{l_1}$，$a_{k_2}\neq a_{l_2}$，所以有$a_{k_1}=a_{k_2}$，$a_{l_1}=a_{l_2}$，矛盾.从而由容斥原理有

从估计入手

$$|A+B|\geqslant\sum_{j=1}^{9}|C_j|-\sum|C_{j_1}\cap C_{j_2}|\geqslant 90-36=54.$$

另一方面，令

二进制例子

$$A=\{2,2^2,2^3,\cdots,2^{10}\},\quad B=\{2,2^2,2^3,\cdots,2^9\},$$

于是

$$C_j=\{2^i+2^j\mid i=1,2,\cdots,10\},\ j=1,2,\cdots,9.$$

$C_{j_1}\cap C_{j_2}\cap C_{j_3}=\phi$

由此可知，

$$2^{j_1}+2^{j_2}\in C_{j_1}\cap C_{j_2},\ j_1\neq j_2 且 1\leq j_1, j_2\leq 9.$$

且 $|C_{j_1}\cap C_{j_2}|=1$，所以 $|A+B|=54$.

综上可知，$|A+B|$的最小值为54.

注 证明后一段中，A与B的取法来自于二进位的各位的数位，妙处在于不相同的两对数之和均不相等.

3. 设集合 $S=\{1,2,\cdots,n\}$，其中 $n\in\mathbf{N}^*$ 固定. 对于非空的有限实数集合 A，B，定义

$$C=A+B=\{a+b\mid a\in A,\ b\in B\},$$

$$A\otimes B=\{x\mid x\in A-B \text{或} x\in B-A\}.$$

求 $|A\otimes S|+|B\otimes S|+|C\otimes S|$ 的最小值.（2011年中国数学奥林匹克4题）

解 按定义，对任意 X，Y，有

$$X\otimes Y=(X-Y)\cup(Y-X).\qquad ①$$

取 $A_0=B_0=S$，于是有 $C_0=A_0+B_0=\{2,3,\cdots,2n\}$，所以

$$|A_0\otimes S|+|B_0\otimes S|+|C_0\otimes S|=n+1.$$ 【从举例入手】

这表明所求的最小值不大于 $n+1$.

另一方面，我们证明，对于任何 A，B，均有

$$l(A,B)=|A\otimes S|+|B\otimes S|+|C\otimes S|$$

$$=|A-S|+|S-A|+|B-S|+|S-B|+|C-S|+|S-C|\geqslant n+1.\qquad ②$$

这又只须证明

②式等价于③、④两式，后两式右端分别为1和n，是由前段的例子看出的，因它们等号成立.

$$|A-S|+|B-S|+|S-C|\geqslant 1,\qquad ③$$ 【命题转换】

$$|C-S|+|S-A|+|S-B|\geqslant n.\qquad ④$$

为证③，只须证明 $|A-S|$，$|B-S|$ 和 $|S-C|$ 不全为0. 事实上，若 $|A-S|=|B-S|=0$，则 $A\subseteq S$，$B\subseteq S$，于是 $1\notin C$，$\therefore |S-C|\geqslant 1$，从而③成立.

再证④. 这时，若 $A\cap S=\varnothing$，则 $|S-A|=n$，结论成立. 若 $A\cap S\neq\varnothing$，设 $A\cap S$ 的元素中最大的一个是 $n-k$ $(0\leqslant k\leqslant n-1)$，于是

$$|S-A|\geqslant k.\qquad ⑤$$

另一方面，对于 $i=k+1,k+2,\cdots,n$，或者 $i\notin B$，于是 $i\in S-B$，或者 $i\in B$，

于是 $(n-k)+i\in C$，即 $n-k+i\in C-S$. 所以

$$|C-S|+|S-B|\geq n-k. \quad ⑥$$

由⑤和⑥即得④. 综上可知，$l(A,B)\geq n+1$.

所以，所求的最小值为 $n+1$.

4 设有平面上的点集 M 与 7 个不同的圆 $C_1, C_2, \cdots, C_7$ 满足条件

$$|C_k \cap M| = k, \quad k = 1, 2, \cdots, 7.$$

求 $|M|$ 的最小值. （《奥赛经典组合》135 页例 10）

解 记

$$M_k = C_k \cap M, \quad k = 1, 2, \cdots, 7.$$

于是由容斥原理有

$$|M| \geqslant |M_7 \cup M_6 \cup M_5|$$
$$\geqslant |M_7| + |M_6| + |M_5| - |M_7 \cap M_6| - |M_6 \cap M_5| - |M_5 \cap M_7|$$
$$\geqslant 7 + 6 + 5 - 2 \times 3 = 12.$$

从估计入手
容斥原理
构造法

这表明 $|M|$ 的最小值不小于 12.

另一方面，考察下图

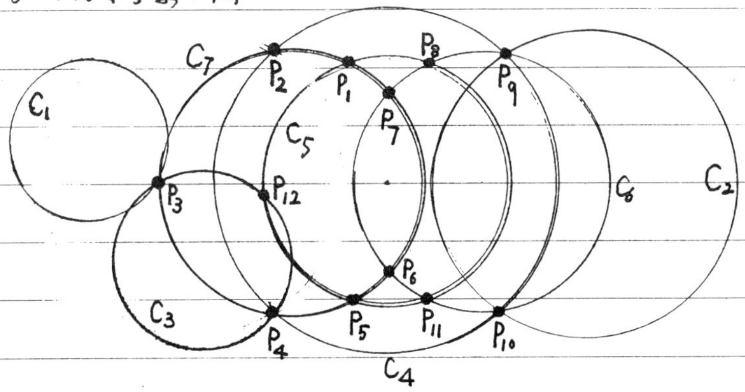

其中 $M = \{P_1, P_2, \cdots, P_{12}\}$，$M_1 = \{P_3\}$，$M_2 = \{P_9, P_{10}\}$，$M_3 = \{P_3, P_4, P_{12}\}$，$M_4 = \{P_2, P_4, P_{10}, P_9\}$，$M_5 = \{P_1, P_{12}, P_5, P_{11}, P_8\}$，$M_6 = \{P_6, P_7, P_8, P_9, P_{10}, P_{11}\}$，$M_7 = \{P_1, P_2, P_3, P_4, P_5, P_6, P_7\}$. 图中所示的 7 个圆和 M 恰好满足题中要求且 $|M| = 12$.

综上可知，所求的 $|M|$ 的最小值为 12.

5. 试证存在一个集合 $X\subset N$，使得对于任何 $n\in N^*$，都存在唯一的一对元素 a 和 $b\in X$，满足 $a-b=n$.（《华校之二》225页例6）

证 显然，所求的集合 X 应为无穷集．设

$$X=\{a_1,a_2,a_3,a_4,\cdots,a_{2n-1},a_{2n},a_{2n+1},a_{2n+2},\cdots\}.$$

易知 $\{a_1,a_2,a_3,a_4\}=\{1,2,4,8\}$．下面用归纳构造法证明：存在自然数的 $2n$ 元集合

局部到整体	减弱命题
	归纳构造法

$$X_{2n}=\{a_1,a_2,\cdots,a_{2n-1},a_{2n}\}，\quad n\geq 3$$

使得 $a_1<a_2<a_3<\cdots<a_{2n-1}<a_{2n}$ 这 $2n$ 个自然数两两之差都不相同且对每个 m，$1\leq m\leq n$，都存在唯一的一对 $a,b\in X_{2n}$ 满足 $a-b=m$.

显然，$n=2$ 时这一减弱命题成立，可取为 $X_4=\{1,2,4,8\}$.

设 $n=k$ 时命题成立，则当 $n=k+1$ 时，可取　　$X_6=\{1,2,5,7,14,22\}$

$$a_{2k+1}=2a_{2k}，\quad a_{2k+2}=a_{2k+1}+b_k，$$

其中 b_k 为不能用 $X_{2k}\cup\{a_{2k+1}\}$ 中两数之差表示的最小自然数．这时显然有 $b_k\geq k+1$．容易看出，两个新元素 a_{2k+1} 与 a_{2k+2} 与前 $2k$ 个元素中任一元素之差都不小于 a_{2k}，当然更大于 X_{2k} 中任何两个元素之差．所以

$$X_{2k+2}=X_{2k}\cup\{a_{2k+1},a_{2k+2}\}$$

满足下列条件：

(i) $a_1<a_2<\cdots<a_{2k}<a_{2k+1}<a_{2k+2}$；

(ii) 两两之差互不相等；

(iii) 对于每个 m，$1\leq m\leq k+1$，都存在 $a,b\in X_{2k+2}$，使得 $a-b=m$.

再由数学归纳法知，上述减弱命题对所有 $n\in N^*$ 都成立。

进一步地，令

$$X=\bigcup_{n=2}^{\infty}X_{2n}=\{a_1,a_2,\cdots,a_{2n+1},a_{2n+2},\cdots\},$$

则这个X满足题中要求.

注1 集合$\{1,2,4,8,\cdots,2^n,\cdots\}$不满足题中要求，因其中的差数中奇数值比偶数值少得多. 实际上，其中任何两数之差都不是5.

注2 所造集合X的前8个数为

$$\{1,2,4,8,16,21,42,51,\cdots\}.$$

注3 本题所用的构造法是一个高级的构造法.

中的每个数都可以写成$m^k(m,k\in N^*,k\geq 2)$的形式. 这样一来，S_{n_0}的前1992个元素所构成的子集

$$M=\{d_{n_0},2d_{n_0},\cdots,1992d_{n_0}\}$$

显然满足题中的要求.

6. 是否存在一个集合M，满足条件：

(i) M恰由1992个正整数组成；

(ii) M中的每个数或任意多个数之和都可以写成m^k的形式，其中$m,k\in\mathbf{N}^*$且$k\geqslant 2$.　　（《奥赛经典（组合）》113页例7）

解　为解此题，我们证明当把(i)中的$|M|=1992$改为一般的$|M|=n$时，结论都是肯定的．下面用归纳构造法来证明它．我们先来证明一个重要的引理．

引理　对任意的$n\in\mathbf{N}^*$，都存在$d_n\in\mathbf{N}^*$，使集合$S_n=\{d_n,2d_n,\cdots,nd_n\}$中的每一个数都能写成$m^k(m,k\in\mathbf{N}^*,k\geqslant 2)$的形式．

证　当$n=1$时，取$d_1=3^2$即知引理的结论成立．　减弱命题

设当$n\in\mathbf{N}^*$时结论成立，即有$d_n\in\mathbf{N}^*$，使得

$$id_n=m_i^{k_i},\ m_i,k_i\in\mathbf{N}^*,k_i\geqslant 2,\ i=1,2,\cdots,n.$$

对于$n+1$，取

$$d_{n+1}=d_n[(n+1)d_n]^k,\quad k=[k_1,k_2,\cdots,k_n],$$

于是当$1\leqslant i\leqslant n$时，有

$$id_{n+1}=id_n[(n+1)d_n]^k=m_i^{k_i}\cdot[(n+1)d_n]^k=\left\{m_i[(n+1)d_n]^{\frac{k}{k_i}}\right\}^{k_i}$$

以及

$$(n+1)d_{n+1}=[(n+1)d_n]^{k+1}.$$

这表明引理于$n+1$时成立．引理证毕．

回到原题的肯定结论的证明．记$n_0=\frac{1}{2}\times 1992\times 1993$，由引理知存在$d_{n_0}\in\mathbf{N}^*$，使得

$$S_{n_0}=\{d_{n_0},2d_{n_0},\cdots,n_0d_{n_0}\}$$　（下接左页下部）

7. 是否存在平面上的集合 S，满足条件：

(i) $|S|=n\geq 6$，$n\in N^*$；

(ii) S 中的任意 3 点都不共线；

(iii) S 中任意两点之间的距离都是整数。

（《华南师大附中》题集 3 页 13 题）

解 答案是肯定的。首先我们证明一个减弱命题：

命题 对任意 $n\in N^*$，在单位圆上存在 n 个点两两之间的距离都是有理数。

减弱命题

证 取 $\theta_k=2\arctan\frac{2k}{k^2+1}$，$k=1,2,\cdots,n$，于是

$$\sin\theta_k=\frac{2\tan\frac{\theta_k}{2}}{1+\tan^2\frac{\theta_k}{2}},\quad \cos\theta_k=\frac{1-\tan^2\frac{\theta_k}{2}}{1+\tan^2\frac{\theta_k}{2}}$$

参数构造法

都是有理数。$0<\theta_k\leq\frac{\pi}{2}$ 且诸 θ_k 互不相同。取点

$$P_k=(\cos 2\theta_k,\sin 2\theta_k),\quad k=1,2,\cdots,n,$$

则这 n 个点 $\{P_1,P_2,\cdots,P_n\}$ 满足要求。

实际上，对于任意两点 P_i 和 P_j $(1\leq i<j\leq n)$，二者之间的距离为

$$\begin{aligned}|P_iP_j|&=\sqrt{(\cos 2\theta_i-\cos 2\theta_j)^2+(\sin 2\theta_i-\sin 2\theta_j)^2}\\&=\sqrt{2-2(\cos 2\theta_i\cos 2\theta_j+\sin 2\theta_i\sin 2\theta_j)}\\&=\sqrt{2[1-\cos 2(\theta_i-\theta_j)]}=2|\sin(\theta_i-\theta_j)|\\&=2|\sin\theta_i\cos\theta_j-\cos\theta_i\sin\theta_j|.\end{aligned}$$

最后的表达式中都是有理数及其四则运算，结果当然还是有理数，即 P_i 与 P_j 之间的距离为有理数，命题证毕。

命题表明，在单位圆上存在 n 个点，两两之间的距离都是有理数，设

这些有理数的分母的最小公倍数为M，则当将单位圆位似放大M倍之后，所得的n个点两两之间的距离都是正整数．又因这些点都在一个圆周上，当然是任何3点都不共线．可见，这n个点满足题中的全部要求．

注　本题的结果对于任何$n\in\mathbf{N}^*$都是成立的，但当$|M|=+\infty$时本题中的证明是通不过的．因为证明中用到的最小公倍数M这时不一定存在．而且可以进一步地证明满足题中要求的无穷集是不存在的．

不过，当将条件(iii)中的“整数”改为“有理数”时，则无穷点集也是存在的．

8. 试论在空间中存在一个有限集M满足下列条件：

(i) 这有限个点的全体不共面；

(ii) 对于任意两点 $A, B\in M$，都存在另两点 $C, D\in M$，使得两条直线 $AB\parallel CD$ 且 AB 与 CD 不重合。（《华南师大附中题集》36页12题）

构造法1　如图所示的3个相同的长方体并在一起，取中间的长方体的8个顶点及另两个长方体的中心共10点组成的集合M满足题中的要求。

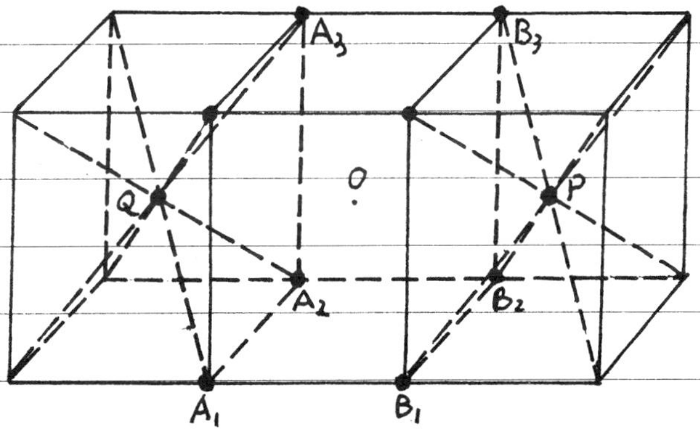

图中的中间长方体的中心O为集合的对称中心。对于集合中的任意两点，则或者两点不是关于O的对称点对，或者两点是关于O对称的。若为前者，则这两点关于点O的两个对称点即可作为A、B、C、D；若为后者，例如 A_3 和 B_1，则 B_3、P 满足 $A_3B_1\parallel B_3P$。

构造法2　一个正方体的8个顶点，6个面的中心点，12条棱的12个中点和正方体的中心点共27个点所成的集合M，也满足题中的要求。

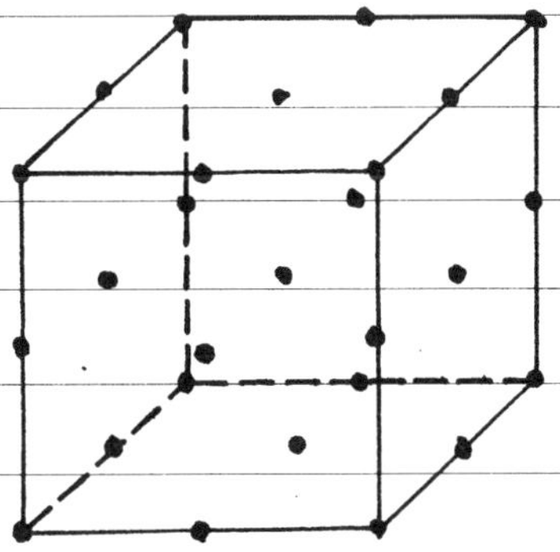

9. 三维空间中所有整点的集合记为T. 两个整点(x,y,z)和(u,v,w)相邻，当且仅当$|x-u|+|y-v|+|z-w|=1$. 求证存在T的一个子集S，使对每个$P\in T$，点P以及P的所有邻点中恰有一点属于S.（1985年IMO候选题）

证 显然，两个整点相邻当且仅当3个坐标中有两个分别相等而第3个坐标差为1. 令

$$S=\{(x,y,z)\mid 7\mid x+2y+3z\},$$

同余构造法

则S满足题中要求.

事实上，对于$P=(x,y,z)\in T$，它有6个邻点：

$$(x\pm1,y,z),\ (x,y\pm1,z),\ (x,y,z\pm1).$$

这7点所对应的7个整数恰为

$$x+2y+3z+j,\quad j=-3,-2,-1,0,1,2,3.$$

显然，这是7个连续整数，其中当然恰有1个能被7整除，它所对应的整点属于S. 所以这样定义的S满足要求.

10. 设$n\geqslant 3$，S为平面点集，$|S|=n$且对于任意的$A,B\in S$，线段AB的垂直平分线都是集S的一条对称轴，求所有这样的集S.

（1999年IMO 1题）

解 显然，每个正n边形的n个顶点所成的集合都满足题中的要求（$n=3,4,\cdots$）.

从举例入手

下面我们来证明，这些点集就是满足要求的所有点集.

设有n个点的集合$S=\{A_1,A_2,A_3,\cdots,A_n\}$满足题中要求，设点集S的重心为M. 对于任意的$1\leqslant i<j\leqslant n$，因为线段$A_iA_j$的垂直平分线$l$为点集S的对称轴，所以$M\in l$，从而有$A_iM=A_jM$. 再由i和j的任意性知$A_1M=A_2M=A_3M=\cdots=A_nM$. 这表明S中的n个点都在一个以M为心的圆上. 于是以这n个点为顶点可以作一个圆内接凸n边形. 不妨设多边形为$A_1A_2\cdots A_n$.

考察线段A_1A_3，它的垂直平分线l_1过重心M. 这时点A_2在直线A_1A_3的一侧，而点$A_4,A_5,\cdots,A_n$全部在直线A_1A_3的另一侧. 既然l_1为S的对称轴，所以点A_2只能与它自己对称，从而点A_2只能在l_1上. 这导致$A_1A_2=A_2A_3$. 同理可证$A_1A_2=A_2A_3=A_3A_4=\cdots=A_{n-1}A_n$，这表明$A_1,A_2,\cdots,A_n$恰是一个正n边形的n个顶点.

综上可知，满足题中要求的所有点集就是平面上的所有正n边形的n个顶点所成的点集，其中$n\geqslant 3$，$n\in\mathbf{N}^*$.

11 在平面上是否存在两个不交的无穷点集A和B满足下列条件：

(i) 在$A\cup B$中，任何3点都不共线，任何两点间的距离都不小于1；

(ii) 任何一个顶点都在B中的三角形的内部都有A中的点，任何一个顶点都在A中的三角形的内部也都有B中的点？

（1996年IMO预选题）

解 答案是否定的. 如果存在满足题中要求的两个点集A和B，我们把$A\cup B$中的点称为"指定点". 为导出矛盾，我们先来证明如下的：

引理 对任意$n\in N$，$n\geq 3$，都存在一个以指定点为顶点的凸多边形，使在它的内部及周界上共有n个指定点.

引理之证 任取n个指定点，设它们的凸包为多边形$P_1P_2\cdots P_m$，于是$3\leq m\leq n$. 由(i)知，凸包多边形的内部及周界上只有有限多个指定点，记点数为$k\geq n$，不妨设$k>n$. 反证法 分类处理法

考察射线P_1P_2，并设凸包多边形的内部在直线P_1P_2的左方. 将射线P_1P_2绕点P_1逆时针转动. 由(i)知，在射线P_1P_2转动过程中，每次只有1个指定点穿过动射线到右侧. 直到有$k-n$个指定点越过动射线到右侧后就停止转动，于是这时动射线上及左侧恰有n个指定点. 显然，这n个点的凸包多边形满足引理的要求.

回到原题的解. 在引理中取$n=9$，并设相应的以指定点为顶点的凸多边形内部及周界上的9个指定点中，属于集A的点数多于属于B的点数，于是A中至少5点，B中至多4点.

(1) 设9个指定点中至少有6点属于A，于是至多3点属于B. 取A中6点

并记为 $A_1,A_2,\cdots,A_6$.

(a) 若 $\{A_1,A_2,\cdots,A_6\}$ 的凸包为六边形，不妨设为六边形 $A_1A_2A_3A_4A_5A_6$. 这时，4个三角形 $\triangle A_1A_2A_3$，$\triangle A_1A_3A_4$，$\triangle A_1A_4A_5$ 和 $\triangle A_1A_5A_6$ 内部互不重叠. 由(i)又知三角形周界上没有格点，故由(ii)知每个三角形内都至少有一个B中的点. 这样一来，凸包多边形中至少有B中4点，加上周界上6点，至少有10个格点，矛盾.

(b) 设 $\{A_1,A_2,\cdots,A_6\}$ 的凸包为五边形 $A_1A_2A_3A_4A_5$，而点 A_6 在五边形内部. 显然，这时 $\triangle A_1A_2A_6$，$\triangle A_2A_3A_6$，$\triangle A_3A_4A_6$ 和 $\triangle A_4A_5A_6$ 的内部互不重叠，从而又可同样地导出矛盾. 同理，当凸包为四边形时也可以导出矛盾.

(c) 设 $\{A_1,A_2,\cdots,A_6\}$ 的凸包为 $\triangle A_1A_2A_3$. 这时，3个三角形 $\triangle A_1A_2A_4$，$\triangle A_2A_3A_4$ 和 $\triangle A_3A_1A_4$ 的内部互不重叠且并起来就是 $\triangle A_1A_2A_3$. 所以点 A_5 在这3个三角形之一中，不妨设在 $\triangle A_1A_2A_4$ 中，于是又将 $\triangle A_1A_2A_4$ 划分成3个内部互不重叠的三角形：$\triangle A_1A_2A_5$、$\triangle A_2A_4A_5$、$\triangle A_4A_1A_5$. 于是又可导出矛盾.

(2) 设9个格点中5点属于A，另4点属于B.

(d) 若 $\{A_1,A_2,A_3,A_4,A_5\}$ 的凸包为五边形，则3个三角形 $\triangle A_1A_2A_3$，$\triangle A_1A_3A_4$ 和 $\triangle A_1A_4A_5$ 中各有B中一点，记为 B_1，B_2，B_3. 这导致 $\triangle B_1B_2B_3$ 中没有B中的点，矛盾.

(e) 设 $\{A_1,A_2,A_3,A_4,A_5\}$ 的凸包为四边形 $A_1A_2A_3A_4$，于是由(ii)知 $\triangle A_1A_2A_5$，$\triangle A_2A_3A_5$，$\triangle A_3A_4A_5$ 和 $\triangle A_4A_1A_5$ 中各有B中一点，分别记为 B_1，B_2，B_3，B_4. 注意，这时B中4点的凸包中至多含A中1点，所以必有一个以B中3点为顶点的三角形中不含A中的点，矛盾.

12. 设S是由平面上的n个点所组成的集合($n\geq 3$)，其中任何3点都不共线. 求证在这个平面上存在一个由$2n-5$个点组成的集合M，使得在以S中的任何3点为顶点的三角形中都至少有1个M中的点.

（1991年IMO预选题）

证　将n个给定点中每两点间连一条线. 这样的直线虽然可能很多，但总是有限多条，故可在平面上作一条直线l，使l与上述直线中的任何一条都不垂直. 取以l为横轴的直角坐标系，于是n个给定点的横坐标互不相同. 按横坐标从小到大为n个给定点编号，分别记为$P_1, P_2, \cdots, P_n$，$P_i=(x_i, y_i)$，$i=1,2,\cdots,n$. 于是有$x_1<x_2<\cdots<x_n$.

将点P_i到直线P_jP_k的距离记为

逐步构造法

$$d(P_i, P_jP_k),\quad 1\leq i,j,k\leq n,\ i,j,k\text{互不相同}.$$

由于任何3点都不共线，所以有$d(P_i, P_jP_k)>0$. 令

$$d=\min_{1\leq j<i<k\leq n}\frac{1}{2}d(P_i, P_jP_k),\quad d>0.$$

令

$$T=\{(x_i, y_i\pm d)\mid i=2,3,\cdots,n-1\},$$

于是$|T|=2n-4$. 将T中的点用红点表出，于是在以给定n点中任何3点

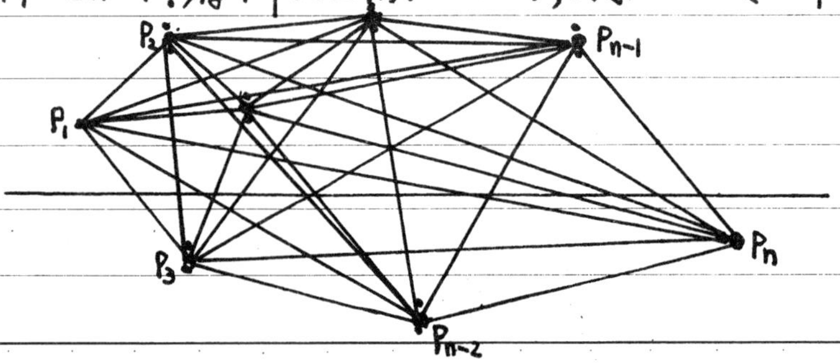

为顶点的三角形 $\triangle P_iP_jP_k$ $(1\le i<j<k\le n)$ 中，都含有 T 中两点

$$(x_j,\ y_j\pm\alpha)$$

之一．由此可见，T 中点满足题中要求点集 M 的后一个性质．至此，为了求得满足题中要求的点集 M，只须将 T 中的 $2n-4$ 个点再去掉 1 个而且保证上述性质不变就可以了．

为此，考察集 S 的凸包多边形，它至少有 3 个顶点，不妨设为 P_r，P_s，P_t 且 $1\le r<s<t\le n$．于是 T 中的两点 $(x_s,\ y_s\pm\alpha)$ 在 $\triangle P_rP_sP_t$ 内外各一点．因而令

$$M=T-\{(x_s,\ y_s+\alpha)\},\qquad (x_s,\ y_s+\alpha)\notin\triangle P_rP_sP_t．$$

则 M 满足题中全部要求．

（上接右页最后一行）

因此，集合

$$M=\bigcup_{i,j}(H_i\cap K_j)$$

的点数不超过 $4(r+1)(s+1)$，此与 M 为无限集矛盾．所以此题的答案是否定的．

13. 在一个平面上是否存在一个无穷点集 S，满足下列条件：

(i) S 中的所有点不全共线；

(ii) S 中任何两点之间的距离都是整数。

解 设存在满足题中要求的无穷点集 S，于是由(i)知，存在 S 中的 3 点 A、B、C，使得 A、B、C 三点不共线且由(ii)知 $|AB|$，$|AC|$，$|BC|$ 都是整数：$|AB|=r$，$|AC|=s$，$|BC|=t$，$r,s,t\in\mathbf{N}^*$。

设点 P 是 S 中异于 A，B，C 的任一点，于是由三角不等式有

$$\big||PA|-|PB|\big|\leq|AB|=r,$$

即 $\big||PA|-|PB|\big|\in\{0,1,2,\cdots,r\}$。当 $\big||PA|-|PB|\big|=r$ 时，点 P 位于

$$H_r=\text{直线}AB-[A,B]$$

上；当 $|PA|-|PB|=0$ 时，$|PA|=|PB|$，点 P 位于　　反证法

$$H_0=\text{线段}AB\text{的中垂线}$$

上；当 $\big||PA|-|PB|\big|=i$，$1\leq i\leq r-1$ 时，点 P 位于双曲线

$$H_i=\{X\mid\big||XA|-|XB|\big|=i\},\quad i=1,2,\cdots,r-1$$

上。同理，点 P 也必落在直线及双曲线

$$K_0=\text{线段}AC\text{的中垂线},$$

$$K_s=\text{直线}AC,$$

$$K_j=\{X\mid\big||XA|-|XC|\big|=j\},\quad j=1,2,\cdots,s-1$$

之一上。由此可知，点 P 必落在集合

$$H_i\cap K_j,\quad i=0,1,2,\cdots,r,\ j=0,1,2,\cdots,s$$

之一上。由于 A，B，C 三点不共线，所以

$$|H_i\cap K_j|\leq 4,\quad i=0,1,2,\cdots,r,\ j=0,1,2,\cdots,s.$$

下接后页下部

14. 能否将自然数集N划分为无穷多个无穷子集，使得这些子集中的每一个都可以通过对另一个的所有元素都加上相同的整数而得到？（《组合卷》2·79题）（1981年美斯科数学奥林匹克）

解 答案是肯定的。

取N的两个子集A和B，A中包含所有这样的自然数，在它们的十进表示中，凡自右向左数起的偶数位上都是0；B则包含了所有奇数位上都是0的所有自然数。

$$A=\{0,1,2,\cdots,9,100,101,102,\cdots,109,200,201,202,\cdots,209,\cdots\cdots\}$$

$$B=\{0,10,20,\cdots,90,1000,1010,1020,\cdots,1090,2000,2010,\cdots,2090\cdots\}$$

$$=\{b_0,b_1,b_2\cdots,b_9,b_{10},b_{11},b_{12}\cdots\}$$

易见，每一个自然数n，都可以唯一地表示成 $n=a_n+b_n$，例如：

$$n=340279=40209+300070.$$

令

$$A_k=A+\{b_k\}=\{a+b_k \mid a\in A\},\ k=0,1,2,\cdots,$$

则这无穷多个子集

$$A_0,A_1,A_2,\cdots,A_k,\cdots$$

就满足题中的要求。

14′ 是否存在两个无穷的非负整数的集合A和B，使对任一非负整数都能以唯一的方法表示成两项之和，其中一项属于A而另一项属于B？（1966年匈牙利数学奥林匹克）

15. 将正整数集N^*分拆成两个不交的子集A和B，满足下列条件：

(i) $1\in A$；

(ii) A中任何两个不同元素之和都不能写成2^k+2的形式，其中$k\in N$；

(iii) B中元素也满足(ii)中所述的A中元素的性质.

试证这种分拆法是唯一确定的并求1987，1988和1989所属的子集.

（1988年IMO候选题）

证 因为$1+2=2^0+2$且$1\in A$，所以$2\in B$. 下面用第二数学归纳法来证每个正整数$n\geq 3$都有唯一确定的归属.

设小于n的所有正整数都已经有了唯一的归属且满足题中的要求. 对于n，有自然数k，使得$2^k\leq n<2^{k+1}$.

(1) 若$n=2^k$，$k\geq 2$，则由于$2\in B$，故然有$n\in A$. 这时，对任意$m\in A$，$m<n$，都有

分类构造法

$$2^k<n+m<2^{k+1}，n+m\neq 2^k+2，$$

即当$n\in A$后，条件(ii)仍然成立.

(2) 若$n=2^k+1$，$k\geq 1$，则因$1\in A$且$1+n=2^k+2$，所以只能有$n\in B$. 像上面一样地可证$n\in B$后条件(iii)仍然成立.

(3) 若$n>2^k+1$，$k>0$，则$2^{k+1}+2-n<n$，必须且只须令n与$2^{k+1}+2-n$属于不同的子集. 这时，对于小于n且与n属于同一子集的任意正整数m，都有

$$2^k+2<n+m<2^{k+2}，n+m\neq 2^{k+1}+2，$$

即条件(ii)和(iii)仍然被满足. 这就证明了题中要求的分拆是唯一确定的.

最后，因为

$1987=2^{11}+2-63$，$63=2^6+2-3$，$3=2+1\in B$，

所以 $63\in A$，$1987\in B$. 同理，因为 $4\in A$，$5\in B$，所以 $1988\in A$，$1989\in B$.

16 平面上是否存在7点，使得其中任何3点中总有两点之间的距离等于1？（1971年乌克兰数学奥林匹克）

解 答案是肯定的，构造如下：

先作一个边长为1，短对角线也为1的菱形$A_1A_2A_3A_4$，然后将它绕点A_1逆时针旋转到菱形$A_1A_2'A_3'A_4'$，使得$A_3A_3'=1$，于是七点A_1、A_2、A_3、A_4、A_2'、A_3'、A_4'就满足题中要求。

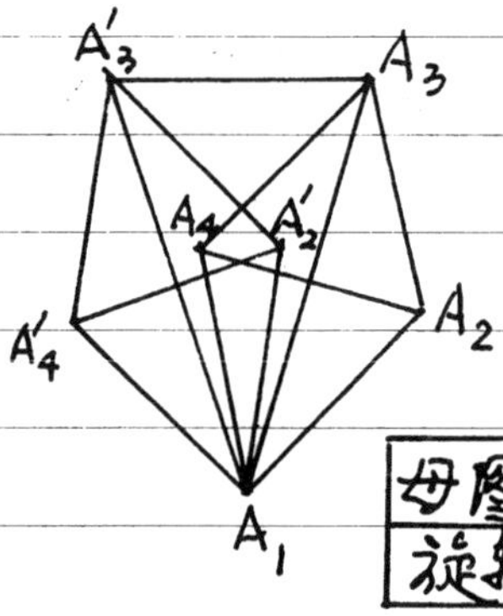

母图形法
旋转法

事实上，对于七点中的任何3点，由抽屉原理知其中必有两点属于同一个菱形的顶点集，若这两点距离为1，则结论成立。否则，这两点只能是长对角线的两个顶点，不妨设为A_1和A_3，这样一来，在菱形$A_1A_2'A_3'A_4'$中也有两个顶点，若距离不为1，则只能为A_1和A_3'，从而$A_3A_3'=1$，满足题中要求。

17. 从集合 $S=\{1,2,\cdots,25\}$ 中选出若干个数组成一个子集 M，使得 M 的所有不同子集中的各数之和互不相同. 求 M 中所有数之和的最大值.

（1995年中国集训队测验题）

解 集合 $M_0=\{25,24,23,21,18,12\}$ 满足题中要求且所有数之和为123. 故知所求的最大值不小于123.

另一方面，我们注意到

(1) 从 $\{13,12,\cdots,1\}$ 中至多选取1个数. 若选有两个数 a 和 b，则 $a+b\leqslant 25$，从而用 $a+b$ 代替 a 和 b 时，所有数之和不变且仍然满足题中要求.

(2) 从 $\{25,24,23,22\}$ 中至多选取3个数.

(3) 从 $\{25,24,\cdots,20,19\}$ 中至多可选取4个数. 若从中选取5个数 $25\geqslant a>b>c>d>e\geqslant 19$，则由于

$$(a+c)-(c+e)=a-e\leqslant 25-19=6,$$

$$a+c>\left\{\begin{array}{l}a+d>a+e>b+e\\ b+c>b+d>c+d\end{array}\right\}>c+e.$$

这表明上列8个二元子集的8个不同和数至多有7个不同的值. 由抽屉原理知其中必有两个和数相等，矛盾.

(4) 从 $\{25,24,\cdots,14,13\}$ 中至多可选取5个数满足要求. 若从中选取6个数 $25\geqslant a>b>c>d>e>f\geqslant 13$，则有

(i) 设 $b+e\leqslant c+d$，于是由于

$$(a+c+d)-(c+d+f)=a-f\leqslant 12,$$

$$c+d+f\le\left\{\begin{matrix}a+c+d & b+c+d & c+d+e\\ a+c+e & b+c+e & c+d+f\\ a+c+f & b+c+f & a+b+e\\ a+d+e & b+d+e & a+b+f\\ a+d+f & b+d+f & \end{matrix}\right\}\le a+c+d,$$

这表明中间的14个三元子集之和数至多有13个不同的值. 由抽屉原理知其中必有两个和数相等, 矛盾.

(ii) $b+e>c+d$. 于是由于

$$(a+b+e)-(b+e+f)=a-f\le 12,$$

$$b+e+f\le\left\{\begin{matrix}a+b+e & b+c+d & a+c+d\\ a+b+f & b+c+e & \\ a+c+e & b+c+f & \\ a+c+f & b+d+e & \\ a+d+e & b+d+f & \\ a+d+f & & \\ a+e+f & b+e+f & \end{matrix}\right\}\le a+b+e,$$

这表明上列14个不同的三元子集的14个和数也是只有13个不同的值. 由抽屉原理知其中必有两个和数相等. 矛盾.

综上可知, 所求的子集M中所有数之和的最大值为123.

※18. 给定 $S=\{1,2,\cdots,9\}$ 和它的12个子集

$M_1=\{1,2,4\}$, $M_2=\{2,3,5\}$, $M_3=\{3,4,6\}$, $M_4=\{4,5,7\}$,

$M_5=\{5,6,8\}$, $M_6=\{6,7,1\}$, $M_7=\{7,8,2\}$, $M_8=\{8,1,3\}$,

$M_9=\{1,5,9\}$, $M_{10}=\{2,6,9\}$, $M_{11}=\{3,7,9\}$, $M_{12}=\{4,8,9\}$.

问能否将 S 划分成两个不交的子集 A 和 B,使得

$$A\cap M_i\neq\varnothing,\ B\cap M_i\neq\varnothing,\quad i=1,2,\cdots,12?$$

解 我们先来指出这12个三元子集 $M_1,M_2,\cdots,M_{12}$ 的几个重要的性质。

引理 关于 S 和它的12个子集,有如下的性质。

(1) S 中的每个元素都恰好出现在12个子集的4个之中;

(2) $|M_i\cap M_j|\leqslant 1$, $1\leqslant i<j\leqslant 12$;

(3) S 中的每个元素对 (i,j), $1\leqslant i<j\leqslant 12$, 都恰属于12个子集之一。

对于 S 的任一分划 (A,B), 不妨设 $|A|<|B|$, 于是 $|A|\leqslant 4$. 不妨设 $A=\{a_1,a_2,a_3,a_4\}$.

由(1)知, a_1 恰属于4个子集, 记为 M_{i_1}, M_{i_2}, M_{i_3} 和 M_{i_4}. 然后, a_2 也属于4个子集. 由(3)知, 数对 (a_1,a_2) 要属于1个子集. 所以, 至少含 a_1 和 a_2 之一的子集恰有7个. 同样地, a_{i_3} 和 a_{i_4} 也各属于4个子集. 但数对 (a_{i_1},a_{i_3}), (a_{i_1},a_{i_4}), (a_{i_2},a_{i_3}), (a_{i_2},a_{i_4}) 和 (a_{i_3},a_{i_4}) 也都要属于一个子集且当 (A,B) 满足题中要求时, 上述的6个数对互不相同, 故知 A 中的4个元素至多只能出现在10个子集中. 当然无法满足题中要求. 由 A 的任意性知, 本题的答案是否定的.

注 对于另两组子集，也有同样的结果：

$\{1,2,3\}\{4,5,6\}\{7,8,9\}\{1,4,7\}\{2,5,8\}\{3,6,9\}$

$\{1,5,9\}\{2,6,7\}\{3,4,8\}\{1,6,8\}\{2,4,9\}\{3,5,7\}$.

$\{1,2,3\}\{1,4,5\}\{1,6,7\}\{1,8,9\}$

$\{2,4,6\}\{2,5,9\}\{2,7,8\}$

$\{3,4,8\}\{3,5,7\}\{3,6,9\}$

$\{4,7,9\}\{5,6,8\}$.

注2 设$S=\{a_1,a_2,\cdots,a_9\}$而$A_1,A_2,\cdots,A_{12}$是它的12个子集，满足

(i) $|A_i|=3$, $i=1,2,\cdots,12$;

(ii) $|A_i\cap A_j|\leq 1$, $1\leq i<j\leq 12$.

问同样的结果是否仍然成立？

※19　给定 $S=\{1,2,\cdots,16\}$ 和它的 20 个四元子集：

$M_1=\{1,2,3,4\}$，$M_2=\{5,8,11,14\}$，$M_3=\{6,9,12,15\}$，$M_4=\{7,10,13,16\}$

$M_5=\{1,5,6,7\}$　$M_6=\{2,10,11,15\}$　$M_7=\{3,9,13,14\}$，$M_8=\{4,8,12,16\}$

$M_9=\{1,8,9,10\}$　$M_{10}=\{2,7,12,14\}$　$M_{11}=\{3,6,11,16\}$，$M_{12}=\{4,5,13,15\}$

$M_{13}=\{1,11,12,13\}$　$M_{14}=\{2,5,9,16\}$　$M_{15}=\{3,7,8,15\}$，$M_{16}=\{4,6,10,14\}$

$M_{17}=\{1,14,15,16\}$　$M_{18}=\{2,6,8,13\}$　$M_{19}=\{3,5,10,12\}$，$M_{20}=\{4,7,9,11\}$.

问能否将 S 划分成两个不交的子集 A 和 B，使得

$$A\cap M_i\neq\varnothing,\ B\cap M_i\neq\varnothing,\ i=1,2,\cdots,20\ ?$$

解　考察 $|A|=|B|=8$ 的情形．显然，可以只看 A 的情形．

A 中 8 个元素在 20 个四元子集中要出现 40 次且共导致 $C_8^2=28$ 个数对．于是至少有 A 的 4 个三元组分别出现在 4 个四元子集中．

(i) 若共有 4 个三元组 共 12 个数对，则另 16 个数对分属于 16 个子集，这导致 8 个元素在 20 个子集中至少出现 44 次，矛盾．

(ii) 若共有 5 个三元组，则余下 13 个数对分属于 13 个子集，又导致 A 中 8 个元素至少出现 41 次，矛盾．

(iii) 若共有 6 个三元组，则余下 10 个数对分属于 10 个子集，导致 A 中 8 个元素已出现 38 次，还有两个元素分属于两个子集，导致只有 18 个子集中含 A 的元素，另两个子集与 A 不交，不合要求．

(iv) 若共有 7 个三元组，则余下 7 个数对分属于 7 个子集，共出现 35 次，另 5 元素分属于 5 个子集，还是有 1 个子集不含 A 中元素，不合要求．

(v) 若共有 8 个三元组，分属于 8 个子集，则余下 4 个数对分属于 4 个子集，最后的 8 个元素分属于 8 个子集，恰好是 40 个元素分属于 20 个子集，符合要求．

8个三元组共24个元素只是A中的8个不同元素，因此每个元素都恰属于3个三元组（每个元素至多属于3个三元组，否则有两个三元组有两个公共元素）。故不妨先取3个三元组都含1，即可设 $A=\{1,2,3,5,6,12,13,x\}$，这时，20个子集中前19个子集都既有A中元素又有B中元素，只有 $M_{20}=\{4,7,9,11\}$ 中尚未有A中元素。因为 $\{1,2,3,4\}$，$\{1,5,6,7\}$ 和 $\{1,11,12,13\}$ 中都已有3个A中元素，故另一元素4，7，11只能属于B。所以应取A中"x"号所代表的最后一个元素为9，即有

$$A=\{1,2,3,5,6,9,12,13\},\ B=\{4,7,8,10,11,14,15,16\}$$

容易验证，分划(A，B)满足题中要求，这时A和B中的含8个三元数组分别为：

$\{1,2,3\}\{1,5,6\}\{1,12,13\}\{2,5,9\}\{2,6,13\}\{3,5,12\}\{3,9,13\}\{6,9,12\}$，

和

$\{4,7,11\}\{4,8,16\}\{4,10,14\}\{7,8,15\}\{7,10,16\}\{8,11,14\}\{10,11,15\}\{14,15,16\}$。

注 选3个三元组为 $\{1,2,3,5,6,12,13\}$ 即得到肯定答案带有偶然性，若选为 $\{1,2,3,5,6,8,9,x\}$ 或 $\{1,2,3,5,6,11,12\}$ 则不成，因为二者都导致最后一个四元子集 $M_4=\{7,10,13,16\}$ 无论选哪个数都矛盾。

另两个满足要求的分划(A，B)为

$A_1=\{1,2,3,6,7,11,12,15\}$，$B_1=\{4,5,8,9,10,13,14,16\}$；

$A_2=\{1,3,4,5,6,11,13,14\}$，$B_2=\{2,7,8,9,10,12,15,16\}$；

$A_3=\{1,2,3,5,6,8,10,11\}$，$B_3=\{4,7,9,12,13,14,15,16\}$；

$A_4=\{1,2,3,6,8,9,15,16\}$，$B_4=\{4,5,7,10,11,12,13,14\}$。

或从两个含"1"的三元组入手：$\{1,3,4,5,7,\times,\times,\times\}$，这时只有3个四元子集：

$$M_3=\{6,9,12,15\},\ M_6=\{2,10,11,15\},\ M_{18}=\{2,6,8,13\}$$

中尚无A中元素，故只须从这3个子集中适当地各取一数即可。所谓"适当"即指，前5个数加上后取的3个数共8个数中不能有4个数充满一个四元子集，注意下列四元子集

$\{4,7,9,11\}\ \{3,5,10,12\}\ \{4,5,13,15\}\ \{3,7,8,15\}$

$\{1,8,9,10\}\ \{1,11,12,13\}$，

可知在M_3，M_6，M_{18}中不能分别取$\{9,10,8\}$，$\{12,11,13\}$，$\{15,13\}$，$\{15,8\}$，$\{9,11\}$ $\{10,12\}$，所以，只能取为$\{9,10,13\}$或$\{8,11,12\}$。

即取为

$$A_5=\{1,3,4,5,7,9,10,13\},\quad B_5=\{2,6,8,11,12,14,15,16\}$$

$$A_6=\{1,3,4,5,7,8,11,12\}\quad B_6=\{2,6,9,10,13,14,15,16\}.$$

经验证可知都满足题中要求。

若从$\{2,3,4,5,9,\times\times\times\}$入手，则不含A中元素的3个子集为

$\{7,10,13,16\}\quad \{1,11,12,13\},\ \{1,14,15,16\}$.

注意下列四元子集

$\{2,5,9,16\}\ \{3,5,10,12\}\ \{4,5,13,15\}\ \{3,9,13,14\}\ \{4,9,7,11\}$

便知不能有$\{16\}$，$\{10,12\}$ $\{13,15\}$ $\{13,14\}$和$\{7,11\}$，所以可取

$$A_7=\{2,3,4,5,9,10,11,14\},\quad B_7=\{1,6,7,8,12,13,15,16\};$$

~~$A_8=\{2,3,4,5,9,7,12,14\}$ $B_8=\{1,6,8,10,11,13,15,16\}$~~；

$$A_8=\{2,3,4,5,9,7,12,15\}\quad B_8=\{1,6,8,10,11,13,14,16\}.$$

20．在空间中是否存在集合M，使对空间中的每个平面P，交集M∩P都是非空有限点集？（1987年IMO预选题）

解 答案是肯定的．考察图形为曲线的集合

$$M=\{(x,y,z)\mid x=t,\ y=t^3,\ z=t^5,\ t\in\mathbf{R}\}\qquad ①$$

设P为任一平面，其方程为

$$Ax+By+Cz+D=0,$$

于是M∩P的方程为

$$At+Bt^3+Ct^5+D=0.$$

这是一个t的5次方程，它至少有一个实根，至多有5个实根．相应的点集当然是非空有限点集．

可见，集合M满足题中要求．

※21. 设 $S=\{1,2,\cdots,9\}$ 而 $M_1,M_2,\cdots,M_{12}$ 都是 S 的子集且满足

(i) $|M_i|=3$, $i=1,2,\cdots,12$;

(ii) $|M_i\cap M_j|\leqslant 1$, $1\leqslant i<j\leqslant 12$.

求证对 S 的任何5元子集 T, 都存在 M_k $(1\leqslant k\leqslant 12)$, 使得 $M_k\subset T$.

证 由条件(i)和(ii)可以导出如下的

引理 (1) S 中的每个元素恰出现在 $M_1,M_2,\cdots,M_{12}$ 的4个之中;

(2) S 中的每个元素对 $\{i,j\}$ $(1\leqslant i<j\leqslant 9)$, 恰属于一个子集 M_k $(1\leqslant k\leqslant 12)$.

以下用引理的结论为依据, 用反证法来证明本题. 从属关系分析法

若不然, 则 T 的5个元素组成的共10个元素对作为 S 的元素对应分别属于10个子集, 不妨设为 $M_1,M_2,\cdots,M_{10}$. 这样一来, T 中的每个元素都恰在10个子集中出现了4次. 由引理之(1)知, 这5个元素已经不能再出现在 M_{11} 和 M_{12} 中. 于是 $M_{11}\cup M_{12}\subset S-T$ 中. 因为 $|S-T|=4$, $|M_{11}|=3$, $|M_{12}|=3$, 所以有 $|M_{11}\cap M_{12}|\geqslant 2$. 此与条件(ii)矛盾. 所以本题结论成立.

注 由本题结果立即可以推出18题的结果.

证2 记 $T'=S-T$, 于是 $|T'|=4$. $T'=\{a_1,a_2,a_3,a_4\}$. T' 中共有 $C_4^2=6$ 个元素对.

1°. T' 的6个元素对分属于6个 M_i, 则每个 a_j 恰个出现了3次, 还可以出现1次, 共可出现在10个 M_i 中. 导致另两个 M_i 属于 T;

2°. 若 T' 的6个元素对有3个属于同一个 M_i, 另3个元素对分属于3个 M_i, 导致 T' 的4个元素分属于11个 M_i, 另一个 M_i 当然属于 T.

所以, 总有 M_k $(1\leqslant k\leqslant 12)$, 使 $M_k\subset T$.

※22 设 $S=\{1,2,\cdots,8\}$ 且 $A_1,A_2,\cdots,A_{14}$ 都是 S 的四元子集，满足 $|A_i\cap A_j|\le 2$ $(1\le i<j\le 14)$。求证：这14个四元子集必可分成7对，使每对的两个子集互补，而不同对的两个四元子集之间恰有两个公共元素。

证 先证如下的引理：

引理 (1) S 中的每个元素都恰出现在14个四元子集的7个之中；

(2) S 中的每个元素对恰出现在14个四元子集的3个之中。

引理之证 14个四元子集共含 $14\times 4=56=8\times 7$ 个元素，平均每个元素出现7次。若有 $a\in S$ 属于8个四元子集，则这8个四元子集中除 a 之外还有24个元素（包括重复），它们都是 S 中除 a 之外的7个不同元素。由抽屉原理知存在 $b\in S$ 属于含 a 的8个四元子集中的至少4个，即元素对 $\{a,b\}$ 至少属于14个四元子集中的4个。但因 $|A_i\cap A_j|\le 2$，所以含 $\{a,b\}$ 的4个四元子集中除 a,b 之外的另8个元素互不相同，此不可能。

注意，S 中共含 $C_8^2=28$ 个不同的元素对，而每个四元子集中含 $C_4^2=6$ 个元素对，14个四元子集中共含 $6\times 14=84$ 个元素对（包括重复），平均每个元素对属于3个四元子集。上面已证每个元素对至多属于3个四元子集，所以28个不同元素对每个都恰属于3个子集。引理证毕。

由引理知元素对 $\{1,2\}$ 属于3个四元子集，不妨设为

$$\{1,2,3,4\}\ \{1,2,5,6\}\ \{1,2,7,8\}. \qquad ①$$

又由引理知1属于7个四元子集，于是不妨设另4个为

$$\{1,3,5,7\}\ \{1,3,6,8\}\ \{1,4,5,8\}\ \{1,4,6,7\}. \qquad ②$$

在这7个四元子集中，元素对 $\{1,2\}$、$\{1,3\}$、$\{1,4\}$ 已出满各3个，但元素对 $\{2,3\}$、$\{2,4\}$、$\{3,4\}$ 则只出现各1次，还需在另7个集中各出现两次。

又因每个四元子集至多含{1,2,3,4}中的两个元素，所以这3个元素对分别出现在6个四元子集的各两个之中：

{2,3,x,x}　{2,4,x,x}　{3,4,x,x}　③
{2,3,x,x}　{2,4,x,x}　{3,4,x,x}，

其中每个四元集中的{x,x}都是{5,6,7,8}中的一个元素对且两两互不相交，即只能为{5,6;7,8}，{5,7;6,8}和{5,8;6,7}。又因②中已有{3,5,7}，{3,6,8}，{4,5,8}和{4,6,7}，①中已有{2,5,6}和{2,7,8}，所以③中的6个四元子集只能是

{2,3,5,8}　{2,4,5,7}　{3,4,5,6}　④
{2,3,6,7}　{2,4,6,8}　{3,4,7,8}。

将①、②、④写在一起，并写成互补对，即为

{1,2,3,4}
{1,2,5,6}　{3,4,7,8}
{1,2,7,8}　{3,4,5,6}
{1,3,5,7}　{2,4,6,8}
{1,3,6,8}　{2,4,5,7}
{1,4,5,8}　{2,3,6,7}
{1,4,6,7}　{2,3,5,8}

其中后6行中每行两集互补，恰是8个元素各1个。故最后一个四元子集只能是{5,6,7,8}，恰与{1,2,3,4}互补。证毕。

11．设 $S=\{1,2,\cdots,14\}$，$A_1,A_2,\cdots,A_k$ 都是 S 的子集且满足

(i) $|A_i|=3$，$i=1,2,\cdots,k$；

(ii) $|A_i\cap A_j|\le 1$，$1\le i<j\le k$；

(iii) 对于每个 A_h，$1\le h\le k$，都存在另3个子集 A_i、A_j、A_l，使得 A_h，A_i，A_j、A_l 互不相交．

求子集个数 k 的最大值．

解　由(ii)知，对于 S 中的任何一个数对，至多有 $A_1,A_2,\cdots,A_k$ 中的一个子集含有之．所以 S 中的每个元素 m，至多属于6个子集，即在诸子集中至多出现6次．从而14个元素共出现 $14\times 6=84$ 次，即诸子集中至多有84个元素．所以 $k\le 28$．

另一方面，我们用轮换排列法来构造 $k=28$ 的例子，使每个元素恰属于6个子集，且28个子集可以分成7组，每组4个子集互不相交．

显然，右图4个三角形的4个顶点集 $\{1,9,13\}\{2,8,11\}\{5,12,14\}\{6,7,10\}$ 互不相交．每次轮换两个下标，得到

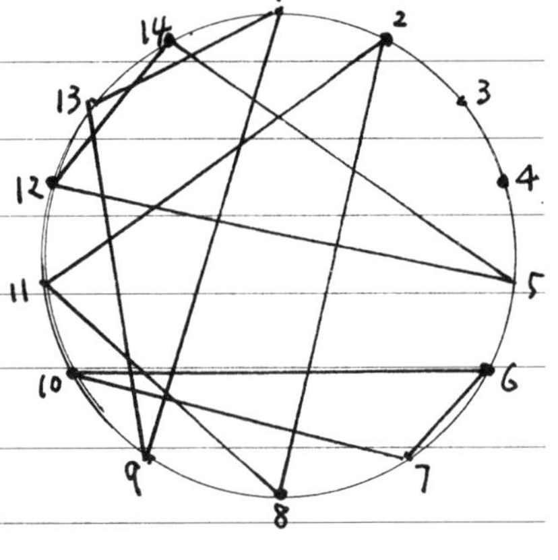

$\{3,11,1\}\{4,10,13\}\{7,14,2\}\{8,9,12\}$

$\{5,13,3\}\{6,12,1\}\{9,2,4\}\{10,11,14\}$

$\{7,1,5\}\{8,14,3\}\{11,4,6\}\{12,13,2\}$

$\{9,3,7\}\{10,2,5\}\{13,6,8\}\{14,1,4\}$

$\{11,5,9\}\{12,4,7\}\{1,8,10\}\{2,3,6\}$

$\{13,7,11\}\{14,6,9\}\{3,10,12\}\{4,5,8\}$．

综上可知，k 的最大值为28．

注 上列轮换的例子也可以视为右图中4个三角形的4个顶点组。

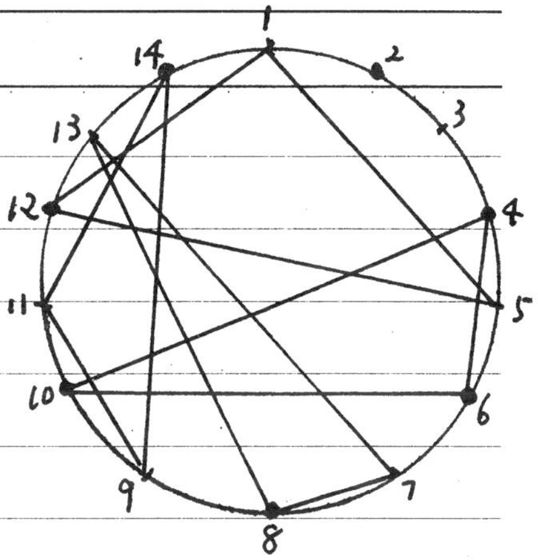

{1.5.12}{4.6.10}{7.8.13}{9.11.14}

每次轮换两个下标，得到下列6组：

{3.7.14}{6.8.12}{9.10.1}{11.13.2}

{5.9.2}{8.10.14}{11.12.3}{13.1.4}

{7.11.4}{10.12.2}{13.14.5}{1.3.6}

{9.13.6}{12.14.4}{1.2.7}{3.5.8}

{11.1.8}{14.2.6}{3.4.9}{5.7.10}

{13.3.10}{2.4.8}{5.6.11}{7.9.12}.

注2 若将15放在圆心，并加上顶点组{2.3.15}中的2.3随之轮换，则又增加7个三点组：

{2.3.15}，{4.5.15}，{6.7.15}{8.9.15}{10.11.15}{12.13.15}{14.1.15}

加上前述28个，即 $S=\{1,2,\cdots,15\}$ 时，最多可得35个三点组且可分成7个组，每组的5个三元子集互不相交，这样就解决了15个女生散步问题。

条件子集族问题

9 (1) 设 $S=\{1,2,\cdots,13\}$，$A_1,A_2,\cdots,A_k$ 都是 S 的子集且满足条件：

(i) $|A_i|=4$，$i=1,2,\cdots,k$；

(ii) $|A_i\cap A_j|\le 1$，$1\le i<j\le k$.

求 k 的最大值.

解 由(ii)知，$A_1,A_2,\cdots,A_k$ 中所含的所有数对互不相同. S 中的13个数共可组成 $C_{13}^2=78$ 个不同数对. 每个 A_i 中恰含6个数对，所以 $k\le 13$.

另一方面，按字典排列法可以参照右表写出

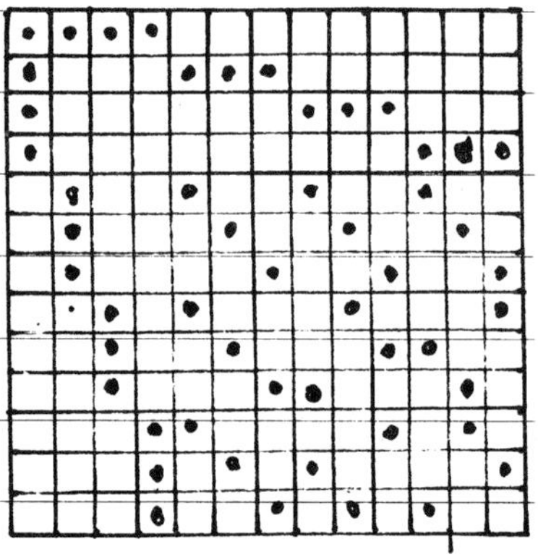

$\{1,2,3,4\}\{1,5,6,7\}\{1,8,9,10\}$

$\{1,11,12,13\}\{2,5,8,11\}\{2,6,9,12\}$

$\{2,7,10,13\}\{3,5,9,13\}\{3,6,10,11\}$

$\{3,7,8,12\}\{4,5,10,12\}\{4,6,8,13\}$

$\{4,7,9,11\}$.

易见，这13个子集满足条件(i)和(ii).

综上可知，k 的最大值为13.

当然，满足条件(i)和(ii)的13个子集的例子还可由轮换排列写出或由8-(3)中的例子发展而来：

$\{1,2,5,7\}\{2,3,6,8\}\{3,4,7,9\}\{4,5,8,10\}\{5,6,9,11\}$

$\{6,7,10,12\}\{7,8,11,13\}\{8,9,12,1\}\{9,10,13,2\}\{10,11,1,3\}$

$\{11,12,2,4\}\{12,13,3,5\}\{13,1,4,6\}$；

{1,2,3,10}{4,5,6,10}{7,8,9,10}{1,4,7,11}{2,5,8,11}

{3,6,9,11}{1,5,9,12}{2,6,7,12}{3,4,8,12}{1,6,8,13}

{2,4,9,13}{3,5,7,13}{10,11,12,13};

{1,2,3,10}{4,7,8,10}{5,6,9,10}{1,4,5,11}{2,7,9,11}

{3,6,8,11}{1,6,7,12}{2,5,8,12}{3,4,9,12}{1,8,9,13}

{2,4,6,13}{3,5,7,13}{10,11,12,13};

{1,2,4,10}{5,6,8,10}{3,7,9,10}{8,1,3,11}{4,5,7,11}

{2,6,9,11}{1,5,9,12}{3,4,6,12}{7,8,2,12}{6,7,1,13}

{2,3,5,13}{4,8,9,13}{10,11,12,13}.

(2) 设$S=\{1,2,\cdots,12\}$，其它条件不变，求解同样的问题.

解 对每个$m\in S$，由(ii)知每个数对至多在一个A_i中出现. 当$m\in A_i$时，A_i中恰含3个含m的数对. 因为S中共有11个含m的不同数对，故m至多属于$A_1,A_2,\cdots,A_k$中的3个集合. 所以$A_1,A_2,\cdots,A_k$中至多共有36个元素，所以$k\leq 9$.

另一方面，从(1)的任一组13个子集中去掉含13的4个，余下的9个子集便满足本题的要求.

所以，所求的k的最大值为9.

(3) 设 $S=\{1,2,\cdots,14\}$，其它条件不变，求解同样的问题.

解 由(2)的解法可知，每个 $m\in S$ 至多可以属于 $A_1,A_2,\cdots,A_k$ 中的4个集合，从而 $A_1,A_2,\cdots,A_k$ 中至多含有56个元素，所以 $k\leqslant 14$.

另一方面，按(1)中第2组例子中的轮换排列法可以写出下列14个子集：

$\{1,2,5,7\}\{2,3,6,8\}\{3,4,7,9\}\{4,5,8,10\}\{5,6,9,11\}$

$\{6,7,10,12\}\{7,8,11,13\}\{8,9,12,14\}\{9,10,13,1\}\{10,11,14,2\}$

$\{11,12,1,3\}\{12,13,2,4\}\{13,14,3,5\}\{14,1,4,6\}$.

易见，这14个子集满足题中要求，所以，k 的最大值为14.

(4) 设 $S=\{1,2,\cdots,16\}$，其它条件不变，求解同样的问题.

解 与(3)的解法类似地可知，每个 $m\in S$ 至多可以属于 $A_1,A_2,\cdots,A_k$ 中的5个，于是 $A_1,A_2,\cdots,A_k$ 中至多含有80个元素，所以 $k\leqslant 20$.

另一方面，按均匀排列的方法，参照4阶行列式的展开法可以写出下列20个子集：

$\{1,2,3,4\}\{5,6,7,8\}\{9,10,11,12\}\{13,14,15,16\}$

$\{1,5,9,13\}\{2,6,10,14\}\{3,7,11,15\}\{4,8,12,16\}$

$\{1,6,11,16\}\{2,5,12,15\}\{3,8,9,14\}\{4,7,10,13\}$

$\{1,7,12,14\}\{2,8,11,13\}\{3,5,10,16\}\{4,6,9,15\}$

$\{1,8,10,15\}\{2,7,9,16\}\{3,6,12,13\}\{4,5,11,14\}$

易见，这20个子集满足本题要求，所以 k 的最大值为20.

(5) 设$S=\{1,2,\cdots,15\}$，其它条件不变，求解同样的问题.

解 与前两题解法类似地可知，对每个$m\in S$至多可以属于$A_1,A_2,\cdots,A_k$中的4个，从而$A_1,A_2,\cdots,A_k$中至多共有60个元素，所以$k\leq 15$.

另一方面，将(4)中给出的20个子集中去掉含16的5个，余下的15个子集当然满足本题的要求，所以k的最大值为15.

当然，按轮换排列法也可写出满足要求的15个子集：

$\{1,2,5,7\}\{2,3,6,8\}\{3,4,7,9\}\{4,5,8,10\}\{5,6,9,11\}$

$\{6,7,10,12\}\{7,8,11,13\}\{8,9,12,14\}\{9,10,13,15\}\{10,11,14,1\}$

$\{11,12,15,2\}\{12,13,1,3\}\{13,14,2,4\}\{14,15,3,5\}\{15,1,4,6\}$.

10 (1) 设 $S=\{1,2,\cdots,7\}$，$A_1,A_2,\cdots,A_k$ 都是 S 的子集，且满足条件：

(i) $|A_i|=4$，$i=1,2,\cdots,k$；

(ii) $|A_i\cap A_j|=2$，$1\leq i<j\leq k$.

求 k 的最大值.

解 取 8-(1) 中轮换排列的 7 个三元子集关于 S 的 7 个补集：

$\{3,5,6,7\}\{4,6,7,1\}\{5,7,1,2\}\{6,1,2,3\}\{7,2,3,4\}$

$\{1,3,4,5\}\{2,4,5,6\}$，

改变次序可以写成

$\{1,3,4,5\}\{2,4,5,6\}\{3,5,6,7\}\{4,6,7,1\}\{5,7,1,2\}$

$\{6,1,2,3\}\{7,2,3,4\}$.

由此可知，k 的最大值不小于 7.

另一方面，若有 S 的 8 个子集满足条件 (i) 和 (ii)，则 8 个子集共含有 $8C_4^2=48$ 个数对. 但因 $|S|=7$，故 S 中共有 21 个不同数对. 由抽屉原理知，有一个数对至少属于这 8 个子集中的 3 个. 不妨记为 A_1,A_2,A_3. 这时，A_1,A_2,A_3 中除含这一数对之外，每个之中还有另两个数，共 6 个. 但这 6 个数都是 S 中除这一数对中两个数之外的另 5 个数. 再由抽屉原理又知，必有一个数属于 A_1,A_2,A_3 中的两个. 导致最后这两个子集至少有 3 个公共元素. 此与 (ii) 矛盾.

综上可知，k 的最大值为 7.

(2) 设 $S=\{1,2,\cdots,11\}$，$A_1,A_2,\cdots,A_k$ 都是 S 的子集且满足条件：

(i) $|A_i|=5$，$i=1,2,\cdots,k$；

(ii) $|A_i\cap A_j|=2$，$1\leqslant i<j\leqslant k$.

求 k 的最大值.

解1 按字典排列法可以写出11个子集

$\{1,2,3,4,5\}\{1,2,6,7,8\}\{1,3,6,9,10\}\{1,4,7,9,11\}$

$\{1,5,8,10,11\}\{2,3,7,10,11\}\{2,4,8,9,10\}\{2,5,6,9,11\}$

$\{3,4,6,8,11\}\{3,5,7,8,9\}\{4,5,6,7,10\}$

满足条件(i)和(ii).

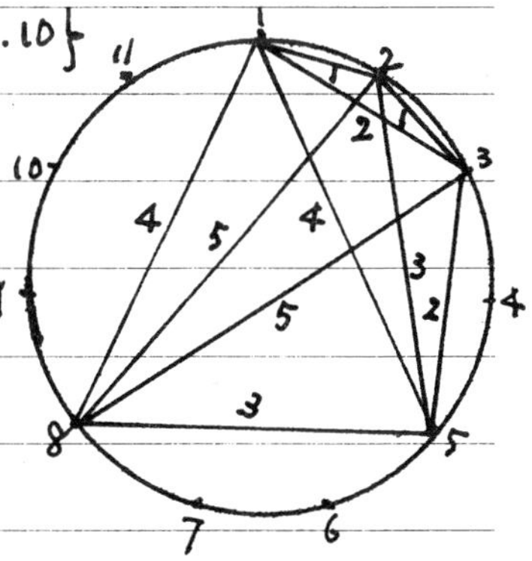

按轮换排列法也可以写出11个子集(参看右图)：

$\{1,2,3,5,8\}\{2,3,4,6,9\}\{3,4,5,7,10\}$

$\{4,5,6,8,11\}\{5,6,7,9,1\}\{6,7,8,10,2\}$

$\{7,8,9,11,3\}\{8,9,10,1,4\}\{9,10,11,2,5\}$

$\{10,11,1,3,6\}\{11,1,2,4,7\}$

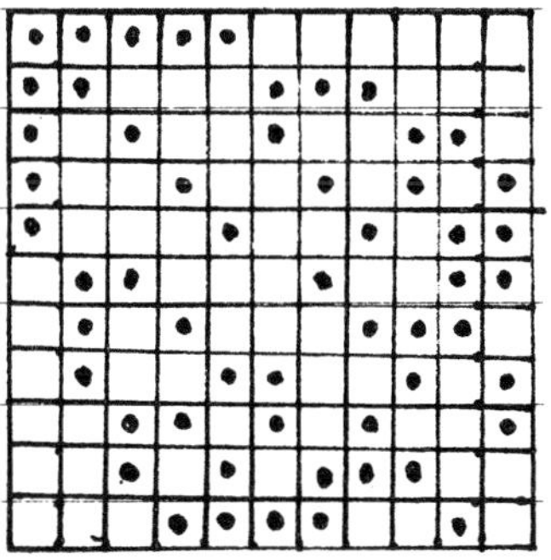

满足条件(i)和(ii).

另一方面，若 $k=12$，则这12个五元子集共有60个元素，其中只有11个不同元素. 若两个五元子集 A_i 与 A_j 中有1个公共元素，则称两个子集中有一个"同数对". 由于11个元素在12个子集中出现的次数应该平均，同

数对的个数就越少. 因此当5个元素各出现6次而另6个元素各出现5次时"同数对"的个数最少, 共有

$$5\times C_6^2+6\times C_5^2=75+60=135.$$

同时, 12个子集共组成 $C_{12}^2=6\times11=66$ 个"子集对", 于是135个同数对分别属于66个子集对. 由抽屉原理知, 必有3个"同数对"属于同一个子集对, 这导致两个子集至少有3个公共元素, 与条件(ii)矛盾.

综上可知, k 的最大值为11.

◎编辑手记

对外经济贸易大学副校长、国际商学院院长张新民曾说:"人力资源分三个层次:人物,人才,人手."一个单位的主要社会声望、学术水准一定是有一些旗杆式的人物来作代表.

数学奥林匹克在中国是"显学",有数以万计的教练员,但这里面绝大多数是人手和人才级别的,能称得上人物的寥寥无几.本书作者南开大学数学教授李成章先生算是一位.

有些人貌似牛×,但了解了之后发现实际上就是个傻×,有些人今天牛×,但没过多久,报纸上或中纪委网站上就会公布其也是个傻×.于是人们感叹,今日之中国还有没有一以贯之的人物,即看似不太牛×,但一了解还真挺牛×,以前就挺牛×,过了多少年之后还挺牛×,这样的人哪里多呢?余以为:数学圈里居多.上了点年纪的,细细琢磨,都挺牛×.在外行人看来挺平凡的老头,当年都是厉害的角色,正如本书作者——李成章先生.20世纪80年代,中国数学奥林匹克刚刚兴起之时,一批学有专长、治学严谨的中年数学工作者积极参与培训工作,使得中国奥数军团在国际上异军突起,成绩卓著.南方有常庚哲、单墫、杜锡录、苏淳、李尚志等,北方则首推李成章教授.当时还有一位齐东旭教授,后来齐教授退出了奥赛圈,而李成章教授则一直坚持至今,教奥数的教龄可能已长达30余年.屠呦呦教授在获拉斯克奖之前并不被多少中国人知晓,获了此奖后也只有少部分人关注,直到获诺贝尔奖后才被大多数中国人知晓,在之前长达40年无人知晓.李成章教授也是如此,尽管他不是三无教授,他有博士学位,但那又如何呢?一个不善钻营,老老实实做人,踏踏实实做事的知识分子的命运如果不出什么意外,大致也就是如此了.但圈内人会记得,会在恰当的时候向其表示致敬.

本书尽管不那么系统，不那么体例得当，但它是绝对的原汁原味，纯手工制作，许多题目都是作者自己原创的，而且在组合分析领域绝对是国内一流．学过竞赛的人都知道，组合问题既不好学也不好教，原因是它没有统一的方法，几乎是一题一样，完全凭借巧思，而且国内著作大多东抄西抄，没真东西，但本书恰好弥补了这一缺失．

李教授是吉林人，东北口音浓重，自幼学习成绩优异，以高分考入吉林大学数学系，后在王柔怀校长门下攻读偏微分方程博士学位，深得王先生喜爱．在《数学文化》杂志中曾刊登过王先生之子写的一个长篇回忆文章，其中就专门提到了李教授在偏微分方程方面的突出贡献．李教授为人耿直，坚持真理不苟同，颇有求真务实之精神．曾有人在报刊上这样形容：科普鹰派它是一个独特的品种，幼儿园老师问“树上有十只鸟，用枪打死一只，树上还有几只鸟？”大概答“九只”的，长大后成了科普鹰派；答“没有”的，长大后仍是普通人．科普鹰派相信一切社会问题都可以还原为科学问题，普通人则相信“不那么科学”的常识．

李教授习惯于用数学的眼光看待一切事物，个性鲜明．为了说明其在中国数学奥林匹克事业中的地位，举个例子：在20世纪八九十年代中国数学奥林匹克国家集训队上，队员们亲切地称其为“李军长”．看过电影《南征北战》的人都知道，里面最经典的人物莫过于“张军长”和“李军长”，“张军长”的原型是抗日名将张灵甫，学生们将这一称号送给了北大教授张筑生，他是“文革”后北大的第一位数学博士，师从著名数学家廖山涛先生，热心数学奥林匹克事业，后英年早逝．张筑生教授与李成章教授是那时中国队的主力教练，为中国数学奥林匹克走向世界立下了汗马功劳，也得到了一堆的奖状与证书．至于一个成熟的偏微分方程专家为什么转而从事数学奥林匹克这样一个略显初等的工作，这恐怕是与当时的社会环境有关，有一个例子：1980年末，中科院冶金研究所博士黄信到上海推销一款名为“胜天”的游戏机，同时为了苦练攻关技巧，把手指头也磨破了．1990年，他将积累的一拳头高的手稿写成中国内地第一本攻略书——《电子游戏入门》．

这立即成为畅销书．半年后，福州老师傅瓒也加入此列，出版了《电视游戏一点通》，结果一年内再版五次，总印量超过23万册，这在很大程度上要归功于他开创性地披露游戏秘籍．

一时间，几乎全中国的孩子都在疯狂念着口诀按手柄，最著名的莫过于“上上下下左右左右BA”，如果足够连贯地完成，游戏者就可以在魂斗罗开局时获得三十条命．

攻略书为傅瓒带来一万多元的版税收入，而当时作家梁晓声捻断须眉出一本小说也就得5 000元左右．所以对于当时清贫的数学工作者来说，教数学竞赛是一个脱贫的机会．《连线》杂志创始主编、《失控》作者凯文·凯利(Kevin Kelly)相信：机遇优于效率——埋头苦干一生不及抓住机遇一次．

李教授十分敬业，俗称干一行爱一行．笔者曾到过李教授的书房，以笔者的视角看李教授远不是博览群书型，其藏书量在数学界当然比不上上海的叶中豪，就是与笔者相比也仅为笔者的几十分之一，但是它专.2011年4月，中国人民大学政治系主任、知名学者张鸣教授在《文史博览》杂志上发表题为“学界的技术主义的泥潭”的文章，其中一段如下：“画地为牢的最突出的表现，就是教授们不看书.出版界经常统计社会大众的阅读量，越统计越泄气，无疑，社会大众的阅读量是逐年下降的，跟美国、日本这样的发达国家，距离越拉越大.其实，中国的教授，阅读量也不大.我们很多著名院校的理工科教授，家里几乎没有什么藏书，顶多有几本工具书，一些专业杂志.有位父母都是著名工科教授的学生告诉我，在家里，他买书是要挨骂的.社会科学的教授也许会有几本书，但多半跟自己的专业有关.文史哲的教授藏书比较多一点，但很多人真正看的，也就是自己的专业书籍，小范围的专业书籍.众教授的读书经历，就是专业训练的过程，从教科书到专业杂志，舍此而外，就意味着不务正业.”

李教授的藏书有两类.一类是关于偏微分方程方面的，多是英文专著，是其在读博士期间用科研经费买的早期影印版(没买版权的)，其中有盖尔方特的《广义函数》(4卷本)等名著，第二类就是各种数学奥林匹克参考书，收集的十分齐全，排列整整齐齐.如果从理想中知识分子应具有的博雅角度审视李教授，似乎他还有些不完美.但是要从“专业至上”，“技术救国”的角度看，李教授堪称完美，从这九大本一丝不苟的讲义(李教授家里这样的笔记还有好多本，本次先挑了这九本当作第一辑，所以在阅读时可能会有跳跃感，待全部出版后，定会像拼图完成一样有一个整体面貌)可见这是一个标准的技术型专家，是俄式人才培养理念的硕果.

不幸的是，在笔者与之洽谈出版事宜期间李教授患了脑瘤.之前李教授就得过中风等老年病，此次患病打击很重，手术后靠记扑克牌恢复记忆.但李教授每次与笔者谈的不是对生的渴望与对死亡的恐惧，而是谈奥数往事，谈命题思路，谈解题心得，可想其对奥数的痴迷与热爱.怎样形容他与奥数之间的这种不解之缘呢？突然记起了胡适的一首小诗，想了想，将它添在了本文的末尾.

醉过才知酒浓，
爱过才知情重，
你不能做我的诗，
正如我不能做你的梦.

刘培杰

2016年1月1日

于哈工大

哈尔滨工业大学出版社刘培杰数学工作室已出版(即将出版)图书目录

书　　名	出版时间	定　价	编号
新编中学数学解题方法全书(高中版)上卷	2007—09	38.00	7
新编中学数学解题方法全书(高中版)中卷	2007—09	48.00	8
新编中学数学解题方法全书(高中版)下卷(一)	2007—09	42.00	17
新编中学数学解题方法全书(高中版)下卷(二)	2007—09	38.00	18
新编中学数学解题方法全书(高中版)下卷(三)	2010—06	58.00	73
新编中学数学解题方法全书(初中版)上卷	2008—01	28.00	29
新编中学数学解题方法全书(初中版)中卷	2010—07	38.00	75
新编中学数学解题方法全书(高考复习卷)	2010—01	48.00	67
新编中学数学解题方法全书(高考真题卷)	2010—01	38.00	62
新编中学数学解题方法全书(高考精华卷)	2011—03	68.00	118
新编平面解析几何解题方法全书(专题讲座卷)	2010—01	18.00	61
新编中学数学解题方法全书(自主招生卷)	2013—08	88.00	261
数学眼光透视	2008—01	38.00	24
数学思想领悟	2008—01	38.00	25
数学应用展观	2008—01	38.00	26
数学建模导引	2008—01	28.00	23
数学方法溯源	2008—01	38.00	27
数学史话览胜	2008—01	28.00	28
数学思维技术	2013—09	38.00	260
从毕达哥拉斯到怀尔斯	2007—10	48.00	9
从迪利克雷到维斯卡尔迪	2008—01	48.00	21
从哥德巴赫到陈景润	2008—05	98.00	35
从庞加莱到佩雷尔曼	2011—08	138.00	136
数学奥林匹克与数学文化(第一辑)	2006—05	48.00	4
数学奥林匹克与数学文化(第二辑)(竞赛卷)	2008—01	48.00	19
数学奥林匹克与数学文化(第二辑)(文化卷)	2008—07	58.00	36′
数学奥林匹克与数学文化(第三辑)(竞赛卷)	2010—01	48.00	59
数学奥林匹克与数学文化(第四辑)(竞赛卷)	2011—08	58.00	87
数学奥林匹克与数学文化(第五辑)	2015—06	98.00	370

哈尔滨工业大学出版社刘培杰数学工作室已出版(即将出版)图书目录

书　　名	出版时间	定　价	编号
世界著名平面几何经典著作钩沉——几何作图专题卷(上)	2009—06	48.00	49
世界著名平面几何经典著作钩沉——几何作图专题卷(下)	2011—01	88.00	80
世界著名平面几何经典著作钩沉(民国平面几何老课本)	2011—03	38.00	113
世界著名平面几何经典著作钩沉(建国初期平面三角老课本)	2015—08	38.00	507
世界著名解析几何经典著作钩沉——平面解析几何卷	2014—01	38.00	273
世界著名数论经典著作钩沉(算术卷)	2012—01	28.00	125
世界著名数学经典著作钩沉——立体几何卷	2011—02	28.00	88
世界著名三角学经典著作钩沉(平面三角卷Ⅰ)	2010—06	28.00	69
世界著名三角学经典著作钩沉(平面三角卷Ⅱ)	2011—01	38.00	78
世界著名初等数论经典著作钩沉(理论和实用算术卷)	2011—07	38.00	126

发展空间想象力	2010—01	38.00	57
走向国际数学奥林匹克的平面几何试题诠释(上、下)(第1版)	2007—01	68.00	11,12
走向国际数学奥林匹克的平面几何试题诠释(上、下)(第2版)	2010—02	98.00	63,64
平面几何证明方法全书	2007—08	35.00	1
平面几何证明方法全书习题解答(第1版)	2005—10	18.00	2
平面几何证明方法全书习题解答(第2版)	2006—12	18.00	10
平面几何天天练上卷・基础篇(直线型)	2013—01	58.00	208
平面几何天天练中卷・基础篇(涉及圆)	2013—01	28.00	234
平面几何天天练下卷・提高篇	2013—01	58.00	237
平面几何专题研究	2013—07	98.00	258
最新世界各国数学奥林匹克中的平面几何试题	2007—09	38.00	14
数学竞赛平面几何典型题及新颖解	2010—07	48.00	74
初等数学复习及研究(平面几何)	2008—09	58.00	38
初等数学复习及研究(立体几何)	2010—06	38.00	71
初等数学复习及研究(平面几何)习题解答	2009—01	48.00	42
几何学教程(平面几何卷)	2011—03	68.00	90
几何学教程(立体几何卷)	2011—07	68.00	130
几何变换与几何证题	2010—06	88.00	70
计算方法与几何证题	2011—06	28.00	129
立体几何技巧与方法	2014—04	88.00	293
几何瑰宝——平面几何500名题暨1000条定理(上、下)	2010—07	138.00	76,77
三角形的解法与应用	2012—07	18.00	183
近代的三角形几何学	2012—07	48.00	184
一般折线几何学	2015—08	48.00	203
三角形的五心	2009—06	28.00	51
三角形的六心及其应用	2015—10	68.00	542
三角形趣谈	2012—08	28.00	212
解三角形	2014—01	28.00	265
三角学专门教程	2014—09	28.00	387

哈尔滨工业大学出版社刘培杰数学工作室已出版(即将出版)图书目录

书　　名	出版时间	定　价	编号
距离几何分析导引	2015－02	68.00	446
圆锥曲线习题集(上册)	2013－06	68.00	255
圆锥曲线习题集(中册)	2015－01	78.00	434
圆锥曲线习题集(下册)	即将出版		
近代欧氏几何学	2012－03	48.00	162
罗巴切夫斯基几何学及几何基础概要	2012－07	28.00	188
罗巴切夫斯基几何学初步	2015－06	28.00	474
用三角、解析几何、复数、向量计算解数学竞赛几何题	2015－03	48.00	455
美国中学几何教程	2015－04	88.00	458
三线坐标与三角形特征点	2015－04	98.00	460
平面解析几何方法与研究(第1卷)	2015－05	18.00	471
平面解析几何方法与研究(第2卷)	2015－06	18.00	472
平面解析几何方法与研究(第3卷)	2015－07	18.00	473
解析几何研究	2015－01	38.00	425
初等几何研究	2015－02	58.00	444

俄罗斯平面几何问题集	2009－08	88.00	55
俄罗斯立体几何问题集	2014－03	58.00	283
俄罗斯几何大师——沙雷金论数学及其他	2014－01	48.00	271
来自俄罗斯的5000道几何习题及解答	2011－03	58.00	89
俄罗斯初等数学问题集	2012－05	38.00	177
俄罗斯函数问题集	2011－03	38.00	103
俄罗斯组合分析问题集	2011－01	48.00	79
俄罗斯初等数学万题选——三角卷	2012－11	38.00	222
俄罗斯初等数学万题选——代数卷	2013－08	68.00	225
俄罗斯初等数学万题选——几何卷	2014－01	68.00	226
463个俄罗斯几何老问题	2012－01	28.00	152

超越吉米多维奇.数列的极限	2009－11	48.00	58
超越普里瓦洛夫.留数卷	2015－01	28.00	437
超越普里瓦洛夫.无穷乘积与它对解析函数的应用卷	2015－05	28.00	477
超越普里瓦洛夫.积分卷	2015－06	18.00	481
超越普里瓦洛夫.基础知识卷	2015－06	28.00	482
超越普里瓦洛夫.数项级数卷	2015－07	38.00	489

初等数论难题集(第一卷)	2009－05	68.00	44
初等数论难题集(第二卷)(上、下)	2011－02	128.00	82,83
数论概貌	2011－03	18.00	93
代数数论(第二版)	2013－08	58.00	94
代数多项式	2014－06	38.00	289
初等数论的知识与问题	2011－02	28.00	95
超越数论基础	2011－03	28.00	96
数论初等教程	2011－03	28.00	97
数论基础	2011－03	18.00	98
数论基础与维诺格拉多夫	2014－03	18.00	292
解析数论基础	2012－08	28.00	216
解析数论基础(第二版)	2014－01	48.00	287
解析数论问题集(第二版)	2014－05	88.00	343

哈尔滨工业大学出版社刘培杰数学工作室已出版(即将出版)图书目录

书　名	出版时间	定　价	编号
数论入门	2011—03	38.00	99
代数数论入门	2015—03	38.00	448
数论开篇	2012—07	28.00	194
解析数论引论	2011—03	48.00	100
Barban Davenport Halberstam 均值和	2009—01	40.00	33
基础数论	2011—03	28.00	101
初等数论 100 例	2011—05	18.00	122
初等数论经典例题	2012—07	18.00	204
最新世界各国数学奥林匹克中的初等数论试题(上、下)	2012—01	138.00	144,145
初等数论(Ⅰ)	2012—01	18.00	156
初等数论(Ⅱ)	2012—01	18.00	157
初等数论(Ⅲ)	2012—01	28.00	158
平面几何与数论中未解决的新老问题	2013—01	68.00	229
代数数论简史	2014—11	28.00	408
代数数论	2015—09	88.00	532

谈谈素数	2011—03	18.00	91
平方和	2011—03	18.00	92
复变函数引论	2013—10	68.00	269
伸缩变换与抛物旋转	2015—01	38.00	449
无穷分析引论(上)	2013—04	88.00	247
无穷分析引论(下)	2013—04	98.00	245
数学分析	2014—04	28.00	338
数学分析中的一个新方法及其应用	2013—01	38.00	231
数学分析例选:通过范例学技巧	2013—01	88.00	243
高等代数例选:通过范例学技巧	2015—06	88.00	475
三角级数论(上册)(陈建功)	2013—01	38.00	232
三角级数论(下册)(陈建功)	2013—01	48.00	233
三角级数论(哈代)	2013—06	48.00	254
三角级数	2015—07	28.00	263
超越数	2011—03	18.00	109
三角和方法	2011—03	18.00	112
整数论	2011—05	38.00	120
从整数谈起	2015—10	18.00	538
随机过程(Ⅰ)	2014—01	78.00	224
随机过程(Ⅱ)	2014—01	68.00	235
算术探索	2011—12	158.00	148
组合数学	2012—04	28.00	178
组合数学浅谈	2012—03	28.00	159
丢番图方程引论	2012—03	48.00	172
拉普拉斯变换及其应用	2015—02	38.00	447
高等代数.上	2016—01	38.00	548
高等代数.下	2016—01	38.00	549

同余理论	2012—05	38.00	163
[x]与{x}	2015—04	48.00	476
极值与最值.上卷	2015—06	38.00	486
极值与最值.中卷	2015—06	38.00	487
极值与最值.下卷	2015—06	28.00	488
整数的性质	2012—11	38.00	192
多项式理论	2015—10	88.00	541

哈尔滨工业大学出版社刘培杰数学工作室已出版(即将出版)图书目录

书　　名	出版时间	定　价	编号
历届美国中学生数学竞赛试题及解答(第一卷)1950—1954	2014—07	18.00	277
历届美国中学生数学竞赛试题及解答(第二卷)1955—1959	2014—04	18.00	278
历届美国中学生数学竞赛试题及解答(第三卷)1960—1964	2014—06	18.00	279
历届美国中学生数学竞赛试题及解答(第四卷)1965—1969	2014—04	28.00	280
历届美国中学生数学竞赛试题及解答(第五卷)1970—1972	2014—06	18.00	281
历届美国中学生数学竞赛试题及解答(第七卷)1981—1986	2015—01	18.00	424

历届 IMO 试题集(1959—2005)	2006—05	58.00	5
历届 CMO 试题集	2008—09	28.00	40
历届中国数学奥林匹克试题集	2014—10	38.00	394
历届加拿大数学奥林匹克试题集	2012—08	38.00	215
历届美国数学奥林匹克试题集:多解推广加强	2012—08	38.00	209
历届波兰数学竞赛试题集. 第 1 卷,1949～1963	2015—03	18.00	453
历届波兰数学竞赛试题集. 第 2 卷,1964～1976	2015—03	18.00	454
保加利亚数学奥林匹克	2014—10	38.00	393
圣彼得堡数学奥林匹克试题集	2015—01	48.00	429
历届国际大学生数学竞赛试题集(1994—2010)	2012—01	28.00	143
全国大学生数学夏令营数学竞赛试题及解答	2007—03	28.00	15
全国大学生数学竞赛辅导教程	2012—07	28.00	189
全国大学生数学竞赛复习全书	2014—04	48.00	340
历届美国大学生数学竞赛试题集	2009—03	88.00	43
前苏联大学生数学奥林匹克竞赛题解(上编)	2012—04	28.00	169
前苏联大学生数学奥林匹克竞赛题解(下编)	2012—04	38.00	170
历届美国数学邀请赛试题集	2014—01	48.00	270
全国高中数学竞赛试题及解答. 第 1 卷	2014—07	38.00	331
大学生数学竞赛讲义	2014—09	28.00	371
亚太地区数学奥林匹克竞赛题	2015—07	18.00	492

高考数学临门一脚(含密押三套卷)(理科版)	2015—01	24.80	421
高考数学临门一脚(含密押三套卷)(文科版)	2015—01	24.80	422
新课标高考数学题型全归纳(文科版)	2015—05	72.00	467
新课标高考数学题型全归纳(理科版)	2015—05	82.00	468
王连笑教你怎样学数学:高考选择题解题策略与客观题实用训练	2014—01	48.00	262
王连笑教你怎样学数学:高考数学高层次讲座	2015—02	48.00	432
高考数学的理论与实践	2009—08	38.00	53
高考数学核心题型解题方法与技巧	2010—01	28.00	86
高考思维新平台	2014—03	38.00	259
30 分钟拿下高考数学选择题、填空题(第二版)	2012—01	28.00	146
高考数学压轴题解题诀窍(上)	2012—02	78.00	166
高考数学压轴题解题诀窍(下)	2012—03	28.00	167
北京市五区文科数学三年高考模拟题详解:2013～2015	2015—08	48.00	500
北京市五区理科数学三年高考模拟题详解:2013～2015	2015—09	68.00	505
向量法巧解数学高考题	2009—08	28.00	54
高考数学万能解题法	2015—09	28.00	534
高考物理万能解题法	2015—09	28.00	537
2011～2015 年全国及各省市高考数学文科精品试题审题要津与解法研究	2015—10	68.00	539
2011～2015 年全国及各省市高考数学理科精品试题审题要津与解法研究	2015—10	88.00	540

哈尔滨工业大学出版社刘培杰数学工作室已出版(即将出版)图书目录

书　　名	出版时间	定　价	编号
整函数	2012－08	18.00	161
近代拓扑学研究	2013－04	38.00	239
多项式和无理数	2008－01	68.00	22
模糊数据统计学	2008－03	48.00	31
模糊分析学与特殊泛函空间	2013－01	68.00	241
受控理论与解析不等式	2012－05	78.00	165
解析不等式新论	2009－06	68.00	48
建立不等式的方法	2011－03	98.00	104
数学奥林匹克不等式研究	2009－08	68.00	56
不等式研究(第二辑)	2012－02	68.00	153
不等式的秘密(第一卷)	2012－02	28.00	154
不等式的秘密(第一卷)(第2版)	2014－02	38.00	286
不等式的秘密(第二卷)	2014－01	38.00	268
初等不等式的证明方法	2010－06	38.00	123
初等不等式的证明方法(第二版)	2014－11	38.00	407
不等式·理论·方法(基础卷)	2015－07	38.00	496
不等式·理论·方法(经典不等式卷)	2015－07	38.00	497
不等式·理论·方法(特殊类型不等式卷)	2015－07	48.00	498
谈谈不定方程	2011－05	28.00	119
数学奥林匹克在中国	2014－06	98.00	344
数学奥林匹克问题集	2014－01	38.00	267
数学奥林匹克不等式散论	2010－06	38.00	124
数学奥林匹克不等式欣赏	2011－09	38.00	138
数学奥林匹克超级题库(初中卷上)	2010－01	58.00	66
数学奥林匹克不等式证明方法和技巧(上、下)	2011－08	158.00	134,135
新编640个世界著名数学智力趣题	2014－01	88.00	242
500个最新世界著名数学智力趣题	2008－06	48.00	3
400个最新世界著名数学最值问题	2008－09	48.00	36
500个世界著名数学征解问题	2009－06	48.00	52
400个中国最佳初等数学征解老问题	2010－01	48.00	60
500个俄罗斯数学经典老题	2011－01	28.00	81
1000个国外中学物理好题	2012－04	48.00	174
300个日本高考数学题	2012－05	38.00	142
500个前苏联早期高考数学试题及解答	2012－05	28.00	185
546个早期俄罗斯大学生数学竞赛题	2014－03	38.00	285
548个来自美苏的数学好问题	2014－11	28.00	396
20所苏联著名大学早期入学试题	2015－02	18.00	452
161道德国工科大学生必做的微分方程习题	2015－05	28.00	469
500个德国工科大学生必做的高数习题	2015－06	28.00	478
德国讲义日本考题.微积分卷	2015－04	48.00	456
德国讲义日本考题.微分方程卷	2015－04	38.00	457
几何变换(Ⅰ)	2014－07	28.00	353
几何变换(Ⅱ)	2015－06	28.00	354
几何变换(Ⅲ)	2015－01	38.00	355
几何变换(Ⅳ)	即将出版		356

哈尔滨工业大学出版社刘培杰数学工作室已出版(即将出版)图书目录

书　　名	出版时间	定　价	编号
中国初等数学研究　2009 卷(第 1 辑)	2009－05	20.00	45
中国初等数学研究　2010 卷(第 2 辑)	2010－05	30.00	68
中国初等数学研究　2011 卷(第 3 辑)	2011－07	60.00	127
中国初等数学研究　2012 卷(第 4 辑)	2012－07	48.00	190
中国初等数学研究　2014 卷(第 5 辑)	2014－02	48.00	288
中国初等数学研究　2015 卷(第 6 辑)	2015－06	68.00	493

博弈论精粹	2008－03	58.00	30
博弈论精粹.第二版(精装)	2015－01	88.00	461
数学 我爱你	2008－01	28.00	20
精神的圣徒　别样的人生——60 位中国数学家成长的历程	2008－09	48.00	39
数学史概论	2009－06	78.00	50
数学史概论(精装)	2013－03	158.00	272
数学史选讲	2016－01	48.00	544
斐波那契数列	2010－02	28.00	65
数学拼盘和斐波那契魔方	2010－07	38.00	72
斐波那契数列欣赏	2011－01	28.00	160
数学的创造	2011－02	48.00	85
数学中的美	2011－02	38.00	84
数论中的美学	2014－12	38.00	351
数学王者　科学巨人——高斯	2015－01	28.00	428
振兴祖国数学的圆梦之旅:中国初等数学研究史话	2015－06	78.00	490
二十世纪中国数学史料研究	2015－10	48.00	536
数字谜、数阵图与棋盘覆盖	2016－01	58.00	298

最新全国及各省市高考数学试卷解法研究及点拨评析	2009－02	38.00	41
2011 年全国及各省市高考数学试题审题要津与解法研究	2011－10	48.00	139
2013 年全国及各省市高考数学试题解析与点评	2014－01	48.00	282
全国及各省市高考数学试题审题要津与解法研究	2015－02	48.00	450
全国中考数学压轴题审题要津与解法研究	2013－04	78.00	248
新编全国及各省市中考数学压轴题审题要津与解法研究	2014－05	58.00	342
全国及各省市 5 年中考数学压轴题审题要津与解法研究	2015－04	58.00	462
新课标高考数学——五年试题分章详解(2007～2011)(上、下)	2011－10	78.00	140,141
中考数学专题总复习	2007－04	28.00	6

数学解题——靠数学思想给力(上)	2011－07	38.00	131
数学解题——靠数学思想给力(中)	2011－07	48.00	132
数学解题——靠数学思想给力(下)	2011－07	38.00	133
我怎样解题	2013－01	48.00	227
数学解题中的物理方法	2011－06	28.00	114
数学解题的特殊方法	2011－06	48.00	115
中学数学计算技巧	2012－01	48.00	116
中学数学证明方法	2012－01	58.00	117
数学趣题巧解	2012－03	28.00	128
高中数学教学通鉴	2015－05	58.00	479
和高中生漫谈:数学与哲学的故事	2014－08	28.00	369

哈尔滨工业大学出版社刘培杰数学工作室已出版(即将出版)图书目录

书　　名	出版时间	定　价	编号
自主招生考试中的参数方程问题	2015－01	28.00	435
自主招生考试中的极坐标问题	2015－04	28.00	463
近年全国重点大学自主招生数学试题全解及研究.华约卷	2015－02	38.00	441
近年全国重点大学自主招生数学试题全解及研究.北约卷	即将出版		
自主招生数学解证宝典	2015－09	48.00	535

格点和面积	2012－07	18.00	191
射影几何趣谈	2012－04	28.00	175
斯潘纳尔引理——从一道加拿大数学奥林匹克试题谈起	2014－01	28.00	228
李普希兹条件——从几道近年高考数学试题谈起	2012－10	18.00	221
拉格朗日中值定理——从一道北京高考试题的解法谈起	2015－10	18.00	197
闵科夫斯基定理——从一道清华大学自主招生试题谈起	2014－01	28.00	198
哈尔测度——从一道冬令营试题的背景谈起	2012－08	28.00	202
切比雪夫逼近问题——从一道中国台北数学奥林匹克试题谈起	2013－04	38.00	238
伯恩斯坦多项式与贝齐尔曲面——从一道全国高中数学联赛试题谈起	2013－03	38.00	236
卡塔兰猜想——从一道普特南竞赛试题谈起	2013－06	18.00	256
麦卡锡函数和阿克曼函数——从一道前南斯拉夫数学奥林匹克试题谈起	2012－08	18.00	201
贝蒂定理与拉姆贝克莫斯尔定理——从一个拣石子游戏谈起	2012－08	18.00	217
皮亚诺曲线和豪斯道夫分球定理——从无限集谈起	2012－08	18.00	211
平面凸图形与凸多面体	2012－10	28.00	218
斯坦因豪斯问题——从一道二十五省市自治区中学数学竞赛试题谈起	2012－07	18.00	196
纽结理论中的亚历山大多项式与琼斯多项式——从一道北京市高一数学竞赛试题谈起	2012－07	28.00	195
原则与策略——从波利亚"解题表"谈起	2013－04	38.00	244
转化与化归——从三大尺规作图不能问题谈起	2012－08	28.00	214
代数几何中的贝祖定理(第一版)——从一道IMO试题的解法谈起	2013－08	18.00	193
成功连贯理论与约当块理论——从一道比利时数学竞赛试题谈起	2012－04	18.00	180
磨光变换与范·德·瓦尔登猜想——从一道环球城市竞赛试题谈起	即将出版		
素数判定与大数分解	2014－08	18.00	199
置换多项式及其应用	2012－10	18.00	220
椭圆函数与模函数——从一道美国加州大学洛杉矶分校(UCLA)博士资格考题谈起	2012－10	28.00	219
差分方程的拉格朗日方法——从一道2011年全国高考理科试题的解法谈起	2012－08	28.00	200
力学在几何中的一些应用	2013－01	38.00	240
高斯散度定理、斯托克斯定理和平面格林定理——从一道国际大学生数学竞赛试题谈起	即将出版		
康托洛维奇不等式——从一道全国高中联赛试题谈起	2013－03	28.00	337
西格尔引理——从一道第18届IMO试题的解法谈起	即将出版		
罗斯定理——从一道前苏联数学竞赛试题谈起	即将出版		
拉克斯定理和阿廷定理——从一道IMO试题的解法谈起	2014－01	58.00	246

哈尔滨工业大学出版社刘培杰数学工作室
已出版(即将出版)图书目录

书　　名	出版时间	定　价	编号
毕卡大定理——从一道美国大学数学竞赛试题谈起	2014－07	18.00	350
贝齐尔曲线——从一道全国高中联赛试题谈起	即将出版		
拉格朗日乘子定理——从一道 2005 年全国高中联赛试题的高等数学解法谈起	2015－05	28.00	480
雅可比定理——从一道日本数学奥林匹克试题谈起	2013－04	48.00	249
李天岩－约克定理——从一道波兰数学竞赛试题谈起	2014－06	28.00	349
整系数多项式因式分解的一般方法——从克朗耐克算法谈起	即将出版		
布劳维不动点定理——从一道前苏联数学奥林匹克试题谈起	2014－01	38.00	273
压缩不动点定理——从一道高考数学试题的解法谈起	即将出版		
伯恩赛德定理——从一道英国数学奥林匹克试题谈起	即将出版		
布查特－莫斯特定理——从一道上海市初中竞赛试题谈起	即将出版		
数论中的同余数问题——从一道普特南竞赛试题谈起	即将出版		
范·德蒙行列式——从一道美国数学奥林匹克试题谈起	即将出版		
中国剩余定理:总数法构建中国历史年表	2015－01	28.00	430
牛顿程序与方程求根——从一道全国高考试题解法谈起	即将出版		
库默尔定理——从一道 IMO 预选试题谈起	即将出版		
卢丁定理——从一道冬令营试题的解法谈起	即将出版		
沃斯滕霍姆定理——从一道 IMO 预选试题谈起	即将出版		
卡尔松不等式——从一道莫斯科数学奥林匹克试题谈起	即将出版		
信息论中的香农熵——从一道近年高考压轴题谈起	即将出版		
约当不等式——从一道希望杯竞赛试题谈起	即将出版		
拉比诺维奇定理	即将出版		
刘维尔定理——从一道《美国数学月刊》征解问题的解法谈起	即将出版		
卡塔兰恒等式与级数求和——从一道 IMO 试题的解法谈起	即将出版		
勒让德猜想与素数分布——从一道爱尔兰竞赛试题谈起	即将出版		
天平称重与信息论——从一道基辅市数学奥林匹克试题谈起	即将出版		
哈密尔顿－凯莱定理:从一道高中数学联赛试题的解法谈起	2014－09	18.00	376
艾思特曼定理——从一道 CMO 试题的解法谈起	即将出版		
一个爱尔特希问题——从一道西德数学奥林匹克试题谈起	即将出版		
有限群中的爱丁格尔问题——从一道北京市初中二年级数学竞赛试题谈起	即将出版		
贝克码与编码理论——从一道全国高中联赛试题谈起	即将出版		
帕斯卡三角形	2014－03	18.00	294
蒲丰投针问题——从 2009 年清华大学的一道自主招生试题谈起	2014－01	38.00	295
斯图姆定理——从一道“华约”自主招生试题的解法谈起	2014－01	18.00	296
许瓦兹引理——从一道加利福尼亚大学伯克利分校数学系博士生试题谈起	2014－08	18.00	297
拉格朗日中值定理——从一道北京高考试题的解法谈起	2014－01		298
拉姆塞定理——从王诗宬院士的一个问题谈起	2014－01		299
坐标法	2013－12	28.00	332
数论三角形	2014－04	38.00	341
毕克定理	2014－07	18.00	352
数林掠影	2014－09	48.00	389
我们周围的概率	2014－10	38.00	390
凸函数最值定理:从一道华约自主招生题的解法谈起	2014－10	28.00	391
易学与数学奥林匹克	2014－10	38.00	392

哈尔滨工业大学出版社刘培杰数学工作室 已出版(即将出版)图书目录

书　　名	出版时间	定　价	编号
生物数学趣谈	2015－01	18.00	409
反演	2015－01		420
因式分解与圆锥曲线	2015－01	18.00	426
轨迹	2015－01	28.00	427
面积原理:从常庚哲命的一道 CMO 试题的积分解法谈起	2015－01	48.00	431
形形色色的不动点定理:从一道 28 届 IMO 试题谈起	2015－01	38.00	439
柯西函数方程:从一道上海交大自主招生的试题谈起	2015－02	28.00	440
三角恒等式	2015－02	28.00	442
无理性判定:从一道 2014 年"北约"自主招生试题谈起	2015－01	38.00	443
数学归纳法	2015－03	18.00	451
极端原理与解题	2015－04	28.00	464
法雷级数	2014－08	18.00	367
摆线族	2015－01	38.00	438
函数方程及其解法	2015－05	38.00	470
含参数的方程和不等式	2012－09	28.00	213
希尔伯特第十问题	2016－01	38.00	543
无穷小量的求和	2016－01	28.00	545

中等数学英语阅读文选	2006－12	38.00	13
统计学专业英语	2007－03	28.00	16
统计学专业英语(第二版)	2012－07	48.00	176
统计学专业英语(第三版)	2015－04	68.00	465
幻方和魔方(第一卷)	2012－05	68.00	173
尘封的经典——初等数学经典文献选读(第一卷)	2012－07	48.00	205
尘封的经典——初等数学经典文献选读(第二卷)	2012－07	38.00	206
代换分析:英文	2015－07	38.00	499

实变函数论	2012－06	78.00	181
复变函数论	2015－08	38.00	504
非光滑优化及其变分分析	2014－01	48.00	230
疏散的马尔科夫链	2014－01	58.00	266
马尔科夫过程论基础	2015－01	28.00	433
初等微分拓扑学	2012－07	18.00	182
方程式论	2011－03	38.00	105
初级方程式论	2011－03	28.00	106
Galois 理论	2011－03	18.00	107
古典数学难题与伽罗瓦理论	2012－11	58.00	223
伽罗华与群论	2014－01	28.00	290
代数方程的根式解及伽罗瓦理论	2011－03	28.00	108
代数方程的根式解及伽罗瓦理论(第二版)	2015－01	28.00	423
线性偏微分方程讲义	2011－03	18.00	110
几类微分方程数值方法的研究	2015－05	38.00	485
N 体问题的周期解	2011－03	28.00	111
代数方程式论	2011－05	18.00	121
动力系统的不变量与函数方程	2011－07	48.00	137
基于短语评价的翻译知识获取	2012－02	48.00	168
应用随机过程	2012－04	48.00	187
概率论导引	2012－04	18.00	179
矩阵论(上)	2013－06	58.00	250
矩阵论(下)	2013－06	48.00	251
对称锥互补问题的内点法:理论分析与算法实现	2014－08	68.00	368
抽象代数:方法导引	2013－06	38.00	257

哈尔滨工业大学出版社刘培杰数学工作室已出版(即将出版)图书目录

书　　名	出版时间	定　价	编号
函数论	2014－11	78.00	395
反问题的计算方法及应用	2011－11	28.00	147
初等数学研究(Ⅰ)	2008－09	68.00	37
初等数学研究(Ⅱ)(上、下)	2009－05	118.00	46,47
数阵及其应用	2012－02	28.00	164
绝对值方程—折边与组合图形的解析研究	2012－07	48.00	186
代数函数论(上)	2015－07	38.00	494
代数函数论(下)	2015－07	38.00	495
偏微分方程论:法文	2015－10	48.00	533

闵嗣鹤文集	2011－03	98.00	102
吴从炘数学活动三十年(1951～1980)	2010－07	99.00	32
吴从炘数学活动又三十年(1981～2010)	2015－07	98.00	491

趣味初等方程妙题集锦	2014－09	48.00	388
趣味初等数论选美与欣赏	2015－02	48.00	445
耕读笔记(上卷):一位农民数学爱好者的初数探索	2015－04	28.00	459
耕读笔记(中卷):一位农民数学爱好者的初数探索	2015－05	28.00	483
耕读笔记(下卷):一位农民数学爱好者的初数探索	2015－05	28.00	484
几何不等式研究与欣赏.上卷	2016－01	88.00	547

数贝偶拾——高考数学题研究	2014－04	28.00	274
数贝偶拾——初等数学研究	2014－04	38.00	275
数贝偶拾——奥数题研究	2014－04	48.00	276
集合、函数与方程	2014－01	28.00	300
数列与不等式	2014－01	38.00	301
三角与平面向量	2014－01	28.00	302
平面解析几何	2014－01	38.00	303
立体几何与组合	2014－01	28.00	304
极限与导数、数学归纳法	2014－01	38.00	305
趣味数学	2014－03	28.00	306
教材教法	2014－04	68.00	307
自主招生	2014－05	58.00	308
高考压轴题(上)	2015－01	48.00	309
高考压轴题(下)	2014－10	68.00	310

从费马到怀尔斯——费马大定理的历史	2013－10	198.00	Ⅰ
从庞加莱到佩雷尔曼——庞加莱猜想的历史	2013－10	298.00	Ⅱ
从切比雪夫到爱尔特希(上)——素数定理的初等证明	2013－07	48.00	Ⅲ
从切比雪夫到爱尔特希(下)——素数定理 100 年	2012－12	98.00	Ⅲ
从高斯到盖尔方特——二次域的高斯猜想	2013－10	198.00	Ⅳ
从库默尔到朗兰兹——朗兰兹猜想的历史	2014－01	98.00	Ⅴ
从比勃巴赫到德布朗斯——比勃巴赫猜想的历史	2014－02	298.00	Ⅵ
从麦比乌斯到陈省身——麦比乌斯变换与麦比乌斯带	2014－02	298.00	Ⅶ
从布尔到豪斯道夫——布尔方程与格论漫谈	2013－10	198.00	Ⅷ
从开普勒到阿诺德——三体问题的历史	2014－05	298.00	Ⅸ
从华林到华罗庚——华林问题的历史	2013－10	298.00	Ⅹ

吴振奎高等数学解题真经(概率统计卷)	2012－01	38.00	149
吴振奎高等数学解题真经(微积分卷)	2012－01	68.00	150
吴振奎高等数学解题真经(线性代数卷)	2012－01	58.00	151
钱昌本教你快乐学数学(上)	2011－12	48.00	155
钱昌本教你快乐学数学(下)	2012－03	58.00	171

哈尔滨工业大学出版社刘培杰数学工作室已出版(即将出版)图书目录

书　　名	出版时间	定　价	编号
第19～23届"希望杯"全国数学邀请赛试题审题要津详细评注(初一版)	2014－03	28.00	333
第19～23届"希望杯"全国数学邀请赛试题审题要津详细评注(初二、初三版)	2014－03	38.00	334
第19～23届"希望杯"全国数学邀请赛试题审题要津详细评注(高一版)	2014－03	28.00	335
第19～23届"希望杯"全国数学邀请赛试题审题要津详细评注(高二版)	2014－03	38.00	336
第19～25届"希望杯"全国数学邀请赛试题审题要津详细评注(初一版)	2015－01	38.00	416
第19～25届"希望杯"全国数学邀请赛试题审题要津详细评注(初二、初三版)	2015－01	58.00	417
第19～25届"希望杯"全国数学邀请赛试题审题要津详细评注(高一版)	2015－01	48.00	418
第19～25届"希望杯"全国数学邀请赛试题审题要津详细评注(高二版)	2015－01	48.00	419
高等数学解题全攻略(上卷)	2013－06	58.00	252
高等数学解题全攻略(下卷)	2013－06	58.00	253
高等数学复习纲要	2014－01	18.00	384
三角函数	2014－01	38.00	311
不等式	2014－01	38.00	312
数列	2014－01	38.00	313
方程	2014－01	28.00	314
排列和组合	2014－01	28.00	315
极限与导数	2014－01	28.00	316
向量	2014－09	38.00	317
复数及其应用	2014－08	28.00	318
函数	2014－01	38.00	319
集合	即将出版		320
直线与平面	2014－01	28.00	321
立体几何	2014－04	28.00	322
解三角形	即将出版		323
直线与圆	2014－01	28.00	324
圆锥曲线	2014－01	38.00	325
解题通法(一)	2014－07	38.00	326
解题通法(二)	2014－07	38.00	327
解题通法(三)	2014－05	38.00	328
概率与统计	2014－01	28.00	329
信息迁移与算法	即将出版		330
物理奥林匹克竞赛大题典——力学卷	2014－11	48.00	405
物理奥林匹克竞赛大题典——热学卷	2014－04	28.00	339
物理奥林匹克竞赛大题典——电磁学卷	2015－07	48.00	406
物理奥林匹克竞赛大题典——光学与近代物理卷	2014－06	28.00	345
历届中国东南地区数学奥林匹克试题集(2004～2012)	2014－06	18.00	346
历届中国西部地区数学奥林匹克试题集(2001～2012)	2014－07	18.00	347
历届中国女子数学奥林匹克试题集(2002～2012)	2014－08	18.00	348
美国高中数学竞赛五十讲.第1卷(英文)	2014－08	28.00	357
美国高中数学竞赛五十讲.第2卷(英文)	2014－08	28.00	358
美国高中数学竞赛五十讲.第3卷(英文)	2014－09	28.00	359
美国高中数学竞赛五十讲.第4卷(英文)	2014－09	28.00	360
美国高中数学竞赛五十讲.第5卷(英文)	2014－10	28.00	361
美国高中数学竞赛五十讲.第6卷(英文)	2014－11	28.00	362
美国高中数学竞赛五十讲.第7卷(英文)	2014－12	28.00	363
美国高中数学竞赛五十讲.第8卷(英文)	2015－01	28.00	364
美国高中数学竞赛五十讲.第9卷(英文)	2015－01	28.00	365
美国高中数学竞赛五十讲.第10卷(英文)	2015－02	38.00	366

哈尔滨工业大学出版社刘培杰数学工作室已出版(即将出版)图书目录

书名	出版时间	定价	编号
IMO 50 年.第 1 卷(1959—1963)	2014—11	28.00	377
IMO 50 年.第 2 卷(1964—1968)	2014—11	28.00	378
IMO 50 年.第 3 卷(1969—1973)	2014—09	28.00	379
IMO 50 年.第 4 卷(1974—1978)	即将出版		380
IMO 50 年.第 5 卷(1979—1984)	2015—04	38.00	381
IMO 50 年.第 6 卷(1985—1989)	2015—04	58.00	382
IMO 50 年.第 7 卷(1990—1994)	即将出版		383
IMO 50 年.第 8 卷(1995—1999)	即将出版		384
IMO 50 年.第 9 卷(2000—2004)	2015—04	58.00	385
IMO 50 年.第 10 卷(2005—2008)	即将出版		386

历届美国大学生数学竞赛试题集.第一卷(1938—1949)	2015—01	28.00	397
历届美国大学生数学竞赛试题集.第二卷(1950—1959)	2015—01	28.00	398
历届美国大学生数学竞赛试题集.第三卷(1960—1969)	2015—01	28.00	399
历届美国大学生数学竞赛试题集.第四卷(1970—1979)	2015—01	18.00	400
历届美国大学生数学竞赛试题集.第五卷(1980—1989)	2015—01	28.00	401
历届美国大学生数学竞赛试题集.第六卷(1990—1999)	2015—01	28.00	402
历届美国大学生数学竞赛试题集.第七卷(2000—2009)	2015—08	18.00	403
历届美国大学生数学竞赛试题集.第八卷(2010—2012)	2015—01	18.00	404

新课标高考数学创新题解题诀窍:总论	2014—09	28.00	372
新课标高考数学创新题解题诀窍:必修 1～5 分册	2014—08	38.00	373
新课标高考数学创新题解题诀窍:选修 2—1,2—2,1—1,1—2分册	2014—09	38.00	374
新课标高考数学创新题解题诀窍:选修 2—3,4—4,4—5 分册	2014—09	18.00	375

全国重点大学自主招生英文数学试题全攻略:词汇卷	2015—07	48.00	410
全国重点大学自主招生英文数学试题全攻略:概念卷	2015—01	28.00	411
全国重点大学自主招生英文数学试题全攻略:文章选读卷(上)	即将出版		412
全国重点大学自主招生英文数学试题全攻略:文章选读卷(下)	即将出版		413
全国重点大学自主招生英文数学试题全攻略:试题卷	2015—07	38.00	414
全国重点大学自主招生英文数学试题全攻略:名著欣赏卷	即将出版		415

数学物理大百科全书.第 1 卷	2015—08	408.00	508
数学物理大百科全书.第 2 卷	2015—08	418.00	509
数学物理大百科全书.第 3 卷	2015—08	396.00	510
数学物理大百科全书.第 4 卷	2015—08	408.00	511
数学物理大百科全书.第 5 卷	2015—08	368.00	512

哈尔滨工业大学出版社刘培杰数学工作室
已出版(即将出版)图书目录

书　　名	出版时间	定　价	编号
劳埃德数学趣题大全.题目卷.1:英文	2015—10	18.00	516
劳埃德数学趣题大全.题目卷.2:英文	2015—10	18.00	517
劳埃德数学趣题大全.题目卷.3:英文	2015—10	18.00	518
劳埃德数学趣题大全.题目卷.4:英文	2016—01	18.00	519
劳埃德数学趣题大全.题目卷.5:英文	2016—01	18.00	520
劳埃德数学趣题大全.答案卷:英文	2016—01	18.00	521
李成章教练奥数笔记.第1卷	2015—10	48.00	522
李成章教练奥数笔记.第2卷	2015—10	48.00	523
李成章教练奥数笔记.第3卷	2015—10	38.00	524
李成章教练奥数笔记.第4卷	2015—10	38.00	525
李成章教练奥数笔记.第5卷	即将出版		526
李成章教练奥数笔记.第6卷	即将出版		527
李成章教练奥数笔记.第7卷	即将出版		528
李成章教练奥数笔记.第8卷	即将出版		529
李成章教练奥数笔记.第9卷	即将出版		530
zeta 函数,q-zeta 函数,相伴级数与积分	2015—08	88.00	513
微分形式:理论与练习	2015—08	58.00	514
离散与微分包含的逼近和优化	2015—08	58.00	515

联系地址:哈尔滨市南岗区复华四道街10号　哈尔滨工业大学出版社刘培杰数学工作室
网　　址:http://lpj.hit.edu.cn/
邮　　编:150006
联系电话:0451—86281378　　13904613167
E-mail:lpj1378@163.com